的美食回憶

MY GASTRONOMY EPISODE

自序

《方太的美食回憶》是我和天地圖書合作的第二本書，這本小書共介紹二十四個食譜，都是多年前曾品嚐過而至今仍然難忘的一些好味道。我希望這本小書能讓對烹飪有興趣的朋友一展身手。我用的都是簡單的方法和材料，相信不難學會。其實烹飪是一理通、百理明，烹飪書只是給讀者的提示和參考，其他還是要靠自己，而對自己有信心就是成功的第一步。

此外，書中附帶一些小故事，都是我真實的經歷，藉此和大家分享一些舊日的生活片段和當中的心路歷程。雖然事隔多年，回想起故人往事，也使我有些感慨。這些經歷，這種生活，相信是年輕朋友們無法想像的，但我們這一輩就是如此這般走過來。

我衷心希望你喜歡本書介紹的菜餚和我的小故事，並且用你的手藝為家人帶來歡欣及口福，更留存美好的記憶。

祝福大家如意、吉祥！

方任利莎
二零一九年五月

目錄

MY GASTRONOMY EPISODE

方太的美食回憶

難忘玉蘭花大宅

父親送給母親的一座大宅坐落於上海滬西區，記得是在「憶定盤路」（Edinburgh Road，今江蘇路）①，在當時應該屬於近郊。那座大宅沒有門牌號碼，旁邊也沒有其他房子，從陽台可以望見對面略遠處有一座小洋房。記得那時候，每到聖誕節期間，在晚上都可看到那小洋房的聖誕樹，樹上的燈飾閃着紅紅綠綠的光芒。我總愛爬在陽台的椅子上眺望，心裏很羨慕人家有聖誕樹，曾問母親為甚麼我們沒有呢？母親說：「那是洋人的玩意兒，你父親不喜歡來這一套。」後來聽說，那是上海滙豐銀行大班的住所，真的是洋人了！

回憶起我生母的一些瑣事，我覺得她是一位很奇特的女性。計算起來，她嫁給

① 憶定盤路（Edinburgh Road），得名於蘇格蘭首府、歷史文化名城愛丁堡，位於上海西邊的公共租界內，是一條南北走向道路，全長 1,600 多公尺。1943 年改名為江蘇路。此路開闢後，沿路建了許多西班牙式庭院住宅或花園式別墅。

我父親時只有十多歲，聽説約十六歲；她去世時很年輕，只有三十三歲。她的逝去對父親的打擊很大，父親曾哭着説，母親入門二十年，從沒做錯一件事！可見父親對母親的疼愛和對她離世的悲痛。我想現在也很少有如此深情的人，更何況父親是一位將軍。母親雖然年輕，但在處事及生活方面，都有自己的一套。她雖生在貧窮人家，但思想正面，生活態度積極，從不放棄。她很懂得安排生活，在讀書、學藝及照顧家人之餘，更為貧窮婦女接生，做義工，日子過得很充實。

因為父親從軍，常派駐不同地方，所以我們住過很多城市。記得南京、北京、上海的冬天都非常寒冷，家中有燒煤的火爐，藉熊熊的火焰驅走寒氣，但總帶有少許令人不快的煤炭氣味。母親把剝下的橘子皮放到煤炭中烤，這時空氣中便瀰漫着一陣陣橘子清香，頓時感覺一屋暖和溫馨，更有家的味道了。父親對此很是欣賞，稱讚母親不單人長得漂亮，還很有智慧。

母親有另一件事也帶給父親驚喜，而且讓他覺得很有面子。母親雖然不下廚，但她懂得吃，且毫不俗氣，每每有出人意表之作。當年在我們新搬入的大宅裏有個花

園，花園中栽種了許多樹木，更有一個溫室花房；這花房的外牆全是玻璃所造，在花房底部可以燒煤保暖，種出一年四季的花，所以家裏常年都有母親喜愛的各種鮮花。

花園中有一棵很粗壯的玉蘭樹，每到開花季節，樹上長出的玉蘭花，每朵碩大如男人的手掌，白色而帶有微微的清香，很討人喜愛。母親會在樹下鋪上一幅大枱布，叫花匠輕搖大樹，熟透的玉蘭花便紛紛掉下來。取之入饌：把花瓣掰開，分成一瓣瓣的，輕輕地用水洗淨、瀝乾，黏上用糯米粉調成的麵糊，然後放入熱油中炸至表面呈微黃，撈出吸去餘油，最後灑點白糖上碟。吃時可嚐到幽幽的花香及帶糯的外層，是很有特色和輕巧的小食，而且充滿生活情趣。

父親對此感到既新奇又別致，對母親讚不絕口。那時，我雖年幼，見到父母互相欣賞愛慕，也為之開心；父母恩愛，當然我也得寵。這些都是逝去的日子，再也不會回來了，每念及此，常感心酸。

香港很少見到玉蘭樹，我在朋友於九龍塘的大宅中見過一次，但不及當年我家的那麼大棵。聽我說玉蘭花可以做菜吃，朋友們很驚訝，甚至不敢相信。其實中國人從古至今都有吃花的習慣，以花入饌被視為風雅之事，只是年輕的一代不流行而已。在北方和江南一帶，人們在天冷時吃火鍋也會放入少許菊花，稱為「菊花鍋」；我小時吃過，不覺有甚麼特別，更談不上欣賞，倒喜歡多材料的火鍋（不是打邊爐）。用菊花、玫瑰花泡茶，大家都已習慣，而我則特別喜歡桂花，尤其是用來做甜點、糕餅，另有一番滋味。因為懷念母親的酥炸玉蘭，曾試做花材食品，發覺能和玉蘭相比的是荷花，雖不及玉蘭幽香，但效果也不錯。菊花雖有香味但較難處理；玫瑰做食品本來不錯，卻遜於香味。讀者如有興趣，不妨自己試驗，發掘自己的心水。我想，用夜香花應該也可以吧，可是我還未試過呢！

桂花甜糕

Sweet Osmanthus Pudding

材料：

馬蹄粉 4 両（150 克），砂糖 ½ 杯，糖桂花約 1 ½ 湯匙，水約 2½ 杯，油 1/3 湯匙。

做法：

① 用 1½ 杯冷水調勻馬蹄粉，至全部溶成濃水狀待用。

② 另用 1 杯水加糖，慢火煮至糖溶及微滾，沖入上項馬蹄粉水，不停攪拌成濃漿狀。

③ 放入油及糖桂花同攪拌均勻。

④ 在糕盤掃上油，倒入上項材料，隔水蒸約 40 分鐘，至熟透即可。待稍涼後脫模切片食用，冷熱皆宜。

Ingredients

150g Water Chestnut Flour

½ cup Sugar

1 ½ tbsp Candied Osmanthus

2 ½ cup Water

1/3 tbsp Oil

Cooking Method

① Dissolve water chestnut flour in 1½ cup of cold water, stir well until the flour dissolved completely.

② Cook sugar with 1 cup of water over low heat until sugar melted. Pour the flour solution in and stir well to form a thick, smooth batter.

③ Add oil and candied osmanthus to the batter and stir until well blended.

④ Transfer the pudding batter to a greased cake pan. Steam over boiling water for about 40 minutes until cooked through. Remove the pudding and set aside to cool. Slice and serve. This dessert can be served either warm or cold.

Tips

糖桂花醬為樽裝，上海南貨店有出售。供各種甜品應用，此糕簡單易做，不妨一試。

You can find bottled candied Osmanthus (a.k.a. Tong Kwai Fa) in Shanghai style grocery stores. It is good for making many desserts. Cooking Osmanthus pudding is quite easy, please try.

桂花甜糕 Sweet Osmanthus Pudding

遇上突發事件時可能隨時喪命，但他們真正是見過世面、有魄力、有擔待的官員。現在一些負責管理地方的人，只是沒見過世面的「公務員」罷了。我絕對同意一句話：不怕你窮，就怕你沒見過。記得香港有一位首長曾在一個大場合，不斷用相機拍下一切，這就是沒見過場面。如果這位首長當時想拍照留念，應叫助手去代勞；如果是為了「過攝影癮」，就不是時候，顯得失儀。

說回青魚肚窩，雖說是蒸魚腸，但和廣府的蒸魚腸是絕不相同的。首先是不加入油條，也不加入水，最好是用新鮮鴨蛋，熟透後是比較硬實的。這味菜式最特別的是，會另外配一個糖醋汁料，食時才淋上，並加入切碎的芫荽同吃；汁料可多放些，這樣不但能吃到魚腸、魚肝，更有香醋的味道，很有吃大閘蟹的感覺。雖然清洗魚腸工夫略多，但能嚐到美味，值得一試。當我十多歲時，父親曾從宜興請來一位老娘姨③，專負責做宜興家鄉菜及各種小點心。我很喜歡看她做菜，無意中學會了一些菜餚的烹調法。我常和小女寶兒說，我那時年紀小，不懂事，不曾專心向老娘姨學廚藝，想不到自己後來會以烹飪換飯吃。人生不單是遊樂園，更像玩魔術，用心學，欣賞學習的過程，每天會有不同的進展。俗語說：戲法人人會變，巧妙各有不同，但努力總會成功。人生的魔術真是變化無窮。

③ 娘姨：江南一帶稱年紀略大的女傭為「娘姨」。說「娘姨」，大家會明白指的是女傭而非親戚。

青魚肚窩（宜興蒸魚腸）

材料：

鯇魚腸或大魚腸約 3-4 副，鴨蛋（或雞蛋）3 隻，薑米 1 茶匙，葱粒 1 湯匙，芫荽碎 1 湯匙。

魚腸調味：

酒 ½ 湯匙，鹽 ½ 茶匙，胡椒粉適量。

配食汁料：

鎮江醋 2 ½ 湯匙，生抽 ½ 茶匙，糖 ¾ 湯匙

做法：

① 將魚腸的肥魚脂除去，摘下魚肝，洗淨，瀝去水份，待用。

② 用剪刀將魚腸剪開，用鹽裹外擦乾淨後沖淨，剪成 5-6 吋長段，與魚肝同放深碟中，放入魚腸調味、薑米、葱粒同拌匀。

③ 將鴨蛋打散放入少許鹽拌匀，注入魚腸料中，隔水蒸約 20-30 分鐘，至材料熟透取出。

④ 將芫荽洗淨後切碎，放入配食汁料中，拌匀，淋上魚腸面，即可趁熱食。

Steamed Egg and Fish Intestines, Yixing Style

Ingredients

3-4 Grass Carp's or Bighead Carp's Guts
3 Duck or Chicken Eggs
1 tsp Chopped Ginger
1 tbsp Chopped Spring Onion
1 tbsp Chopped Coriander

Seasoning for Fish Intestines

½ tbsp Rice Wine
½ tsp Salt
Pepper, to taste
For Sauce
2 ½ tbsp Zhenjiang Vinegar
½ tsp Light Soy Sauce
¾ tbsp Sugar

Cooking Method

① Remove the liver and the fat from fish guts. Wash thoroughly. Drain.

② Cut the intestines longitudinally with scissors, rub with salt and rinse. Then cut into 5-6-inch / 12-15-cm sections. Place the fish intestines and livers into a deep plate, add seasoning, ginger and spring onion, mix well.

③ Beat the eggs and add a little salt. Pour the egg into the plate. Steam for 20-30 minutes until completely cooked.

④ Mix chopped coriander with the sauce, pour over the steamed egg and fish intestines. Serve.

四、五十年代的媽姐

香港在五十年代尚有「媽姐」出來做住家工（家傭），大多數是「一腳踢」，即負責僱主整個家庭的所有家務工作。她們大部份是順德人，並且是「梳起」一族，即是終生不嫁人。她們組成姊妹團，每人每月出一些錢，合租一個地方，以便失業時還有住處。她們彼此十分親愛，互相照顧，但如有哪位姊妹改變主意要嫁人，即遭反對及杯葛。她們不信任男人，覺得只有靠自己才有保障。

我父母初來香港時，也曾僱用過一位順德媽姐，她叫做紅姐。紅姐煮得一手精緻的順德菜，只是父親這位「外江佬」吃不慣，毫不欣賞，更加上言語不通而更多誤會。我們兄弟姊妹可能年紀還小，很快就能明白廣東話。還記得在學校每逢交不出功課，就對老師說是因為不懂廣東話，這樣就輕易過關了，殊不知有一次無意中被老師發現我說謊，從此就無法藉此偷懶了。我和紅姐溝通得很好；她常說，只因為父親給的薪金高，否則便不做了；我因為能做中間人，所以，紅姐也很疼惜我。當年她很

「迷」任劍輝，逢任劍輝、芳艷芬在普慶戲院登台，她必定會去捧場；買不到貴價票時，就算「飛機位」也無所謂，即是由頭至尾站足全場。看戲當晚她一定要求早開飯，並會叫我幫忙；她會帶糖砂炒栗子回來請我吃，所以我也幫得很起勁。父親雖然不滿，也拿她沒辦法，而我肯幫忙，又代她說好話，父母也就不理會了。

紅姐做事勤快，晚上很晚才睡，早上很早即起來熬粥給我們做早餐，然後買菜做飯，洗衣、熨衣，清潔全屋，很難找到她失職的地方。說到飲食方面，父母有他們自己的口味，因此父親喜歡自己買材料，自己煮或教我煮，所以紅姐煮的菜只是給我們兄弟姊妹十多人享用的。雖然紅姐購買食材有規定的費用，但她每天的菜餚都能帶有新意而且美味。有一次，有人問她可會「打斧頭」（即報大數）？她很幽默的回答：「老闆給的伙食費是規定的，十多人，不能不夠吃，所以要動腦筋；做廚房的總會『打』一些『斧頭』，不過，聰明的人是『打』街市的『斧頭』（即是懂得選購），不『打』老闆的『斧頭』。」小時候不懂她的意思，現在想來，覺得不但充滿哲理，且有市場學的眼光，真不能小看這些「絕了種」、可敬的媽姐。

紅姐善煮多款美食，例如把整尾鯪魚煎香後，放入粥中熬至出味，取出去骨後再放入魚蓉，令粥裏看不到魚卻可吃到魚味。她做的釀鯪魚是整尾魚都無魚骨，巧手好味，是上得大枱的菜式，現在已幾乎無人會做了，很可惜。還有她會用蝴蝶腩煲菜乾湯，那年代蝴蝶腩是屠房夥計的「下欄」，叫做雜腩，是上不了大枱的材料，才幾毫子一斤；紅姐用它來煲湯，但不會將湯渣上枱。我們這幫孩子最喜歡紅姐做的咕嚕肉，甜酸味恰到好處，最特別是咬下便有熱汁流入口中，很滋味。後來我們發現原來她是用了肥豬肉，大家很不高興，於是很久不再見到紅姐的咕嚕肉了。到大家有些懷念時，紅姐才會再做她的特色咕嚕肉，並對我們說：「用肥豬肉做雖然說

小知識

蝴蝶腩

是包圍住豬肺的一層薄膜，每隻豬只得一小片。因為似一隻展翅蝴蝶，故被飲食界美名為「蝴蝶腩」。豬肉檔一般叫作「豬肺裙」，台灣人叫作「肝連」。口感滑嫩、爽口又有肉香，煮出來質感似牛腩，可以燜煮或煲湯。

材料便宜，但需做的工夫更多。吃起來美味又開心，偶爾嚐少許肥肉又有甚麼大礙呢？又不是每餐都吃。」其實那時我們還會用豬油拌飯，加少許老抽，好味得很。想想也對，有甚麼比開心更重要？

當年我在亞視主持烹飪節目時，曾有過現場觀眾。有一天在錄影前，突然聽到觀眾席有人大叫「四小姐」（我在家中女孩排第四），原來是紅姐來了。她帶了水果和餅乾送給我，並對電視台工作人員說我小時候很乖和有正義感。她的出現使我十分感慨和驚喜。我們保持了一段時間的聯繫，直到她返回順德老家。我在此介紹紅姐的咕嚕肉，可說是對紅姐的憶念，也是緬懷我成長的片段。我把這食譜獻給大家，有興趣可試試，一年之中吃少許肥肉應該不成問題。記得小時候姑媽總說，女孩子不能沒有油水，否則容易有皺紋。我認為一切只要不過量就好了，女性都愛美，吃少許肥肉可令皮膚滋潤，只要適可而止，不是壞事。

紅姐的咕嚕肉

Crispy Sweet and Sour Pork

材料：

肥多瘦少的豬肉一件約重 6 両（300 克），青、紅椒各少許，罐裝菠蘿 2 片，蒜片 1 粒，麵粉 1/3 杯。

調味汁料：

茄汁 1 ½ 湯匙，生抽 1 茶匙，醋 ½ 湯匙，糖 ½ 茶匙，上湯少許，水約 ½ 杯。

做法：

① 將豬肉切成吋餘塊狀，汆水至八成熟取出，吸乾水份。放入生抽及少許生粉，拌勻，待用。

② 用適量水份把麵粉調勻成漿狀，待用。

③ 把青、紅椒，菠蘿同切成塊。

④ 將肉塊沾上麵漿，放入熱油中炸至面呈金黃色，撈出瀝乾油份，待用。

⑤ 燒熱少許油，爆香蒜片，放入青、紅椒、菠蘿、肉塊，注入調味料煮勻，即成。

Ingredients

1 pc Pork Fatty, about 230g
2 slices Canned Pineapple
1/3 cup Flour
Green and Red Pepper
1 Garlic Clove, sliced

For Sauce

1 ½ tbsp Ketchup
½ tbsp Vinegar
Stock
1 tsp Light Soy Sauce
½ tsp Sugar
½ Water

Cooking Method

① Cut the pork into 1.5-inch / 4-cm cubes and blanch in boiling water until 80% cooked. Pat dry, stir in some soy sauce and a little corn starch, set aside.

② Mix the flour with appropriate amount of water to form a batter, set aside.

③ Cut peppers and pineapple into pieces.

④ Dip pork pieces into batter, then deep-fry in hot oil until golden brown. Remove with a strainer to drain.

⑤ Heat a wok with little oil over medium heat, sauté sliced garlic until fragrant. Add the pepper, pineapple and fried pork pieces, pour in sauce, cook until the sauce thickens. Transfer to a plate and serve.

Tips

此為故事中紅姐的食譜，用的是肥豬肉，為了省錢。用半肥瘦豬肉則是一貫做法，讀者可按自己口味去做選擇。

We use pork fatty in this recipe according to the story of Hungjie. The reason of her choice is saving money. Generally half lean and half fat pork is used to cook sweet and sour pork.

紅姐的咕嚕肉 Crispy Sweet and Sour Pork

棉拖鞋與麵拖蟹

我最初開始教烹飪是在「家政中心」，那是香港電燈公司的附屬機構，也可說是我的「出身地」。後來因為想增加收入，便轉去超群烹飪中心做導師。這烹飪中心是李曾超群女士開辦的，全屬私人經營，以分賬形式計薪。還記得見這位老闆時，她說因為我不是跟她學習而成為導師，是外來的一員，所以要四六分賬，即公司拿六成，我只能拿四成；如成績不佳收不足學員的話，更可能只得三成。但我知道其他導師與她是對分（五五分賬）。我對老闆說，希望她能看我的工作成績後再做決定，這樣較公平，也會令人安心工作。老闆雖不太喜歡我的建議，但也接受了。當我真正接觸新工作環境時才知道，要面對的問題太多了。

烹飪學校中連我共有八位女導師。另有一位跟隨老闆多年的老工人負責買材料；她雖是工人身份，卻倚老賣老，以「掌門人」態度處理事務，眾人都怕她，而我則尊重她但並不怕她。其他一些女同事當然不歡迎我，主要是怕分薄利潤，這也是人之常情，我並不怪她們。一個星期有七天，她們把好的上課時間都佔去，只剩兩三堂給我；同時，她們在課程中列出的菜餚，我都不可以教，總以她們為優先。例如紅燒獅子頭本是江南菜，但在她們課程中出現，我就不能教了。不斷有種種瑣碎的事來阻撓，我想最終可能三成薪金都拿不到手了。我是一個不喜歡告狀的人，一向的宗旨是自己的事要自己去解決。我想了一夜，明白在外工作少不了人事的麻煩，如果受不了，就回家乖乖的「捱窮」好了，至少不用受欺侮。但，我又不甘心。忽然想到做點心、小食，在深夜家人全都安睡後，擬寫了一張「點心大綱」，把我吃過、能做的點心全寫上了，例如有生煎包子、鍋貼、葱油餅、餡餅及高力豆沙等，共三十餘款。我便開兩班專教外省的各種點心，和其他同事絕不相同，且材料費便宜，扣去的錢少了。結果報名上課的人很多，且有男士；主要因為當年外省菜餚、點心在香港尚不普及，少有人教。接着我也有上海菜的課程，都甚受歡迎，有些在家政中心上過我課的太太們知道我去了另一地方教，也跟着來捧場，令我難忘又感激。

我不是一個愛聯群結黨的人，也不巴結任何人，喜歡結交有義氣、講真理、重感情的人；如果有些人的行為我不能認同，我是不會妥協的。所以，我在工作時和一些同事只是保持禮貌，互不干犯，她們貪小便宜我也不會理會。那時，中午有一頓飯供應，我也不會留下來吃飯，寧願自己在附近隨便吃碗雲吞麵。大概用現在的話說就是「不埋堆」。

直到工作滿一個月後，老闆給我一個信封，說是我的薪金。我並沒有馬上打開信封，不知道裏頭是五五還是三七，回家時在巴士上想，如果是三七，我就乖乖回家做家庭主婦，捱窮就捱窮吧。回家後拆出看，是五五分賬，使我十分高興。第二天回學校後向老闆致謝，她說觀察我整個月，知道我工作努力，並叫我安心在她那裏工作。恰在此時，那位「掌門」老工人走進來對老闆說：「方太要教一個菜，叫做『棉拖鞋』，我跟您這麼多年，從來沒聽過有這樣的菜！」幸虧老闆明白所說的是「麵拖蟹」，上海菜確有此菜，是小螃蟹沾上麵漿再炸而成。後來知道各導師在「出糧」後都會「孝敬」這位老工人，只有我不懂，所以她處處為難我。我在超群工作大約有兩年多，直至擔任亞視一週五日的烹飪節目才離開。

由全職家庭主婦變成一個專業工作人員，其中所經歷的，可說酸甜苦辣四味齊全，那些日子不是容易度過的，但在其中學到許多人生的道理，如上了一課；我從中領會到，做事要本着自己的良心，保持尊嚴，不折不撓，不卑不亢，人生就會去到另一個境界，這是在學校都無法學到的。回憶往事，其間雖有眼淚、委曲，但實在是一種難得的訓練和經歷。世上無難事，只怕有心人，只要你有耐心，肯學肯捱，沒有不成事的。很多人說我成功，我卻從來不覺得，我只是一步緊跟着一步地走，並且要小心努力地趕上另一步。

現在我已活了超過半世紀，可說經歷不少，但在我的「生命字典」中永遠沒有「辛苦」兩字。以往曾有二十多年之中，每晚只睡五、六個小時，每天都要和時間賽跑，務必要勝過時間的速度。所以，有青春、有時間的人，請你千萬要爭取和珍惜現在擁有的，努力幹一番吧！我們常見到的是舞台前的光輝，其實沒有幕後的努力，沒有眼淚和肯捱的幹勁，永不能站上台並博得掌聲。

麵拖蟹

Batter-Fried Crab

材料：

奄仔蟹4隻，麵粉約6湯匙，葱粒、芫荽碎各少許，薑蓉1茶匙。

調味：

鹽、胡椒粉各少許。

做法：

① 把蟹劏後洗淨，斬件後，瀝乾水份，待用。

② 在麵粉中加入適量水份，調勻成麵漿狀，放入調味，葱粒、芫荽、薑蓉各少許拌勻。

③ 將蟹件沾上麵漿少許，放入熱油中炸至熟透，撈出，瀝去油份即可上碟。

Ingredients

4 Young Mud Crabs

6 tbsp Flour

Pinch of Chopped Spring Onion

Pinch of Chopped Coriander

1 tsp Minced Ginger

Seasoning

Salt and Pepper, to taste

Cooking Method

① Gut and clean the crabs. Loosen the crab's body from its shell. Chop the crab's body into large pieces. Drain and set aside.

② Mix the flour with appropriate amount of water to form a batter, stir in seasoning, chopped spring onion and coriander and minced ginger.

③ Dip crab pieces into batter. Deep fry in hot oil until completely cooked. Remove with a strainer to drain. Then transfer to a plate and serve.

Tips

麵拖蟹的起源是江南人對大閘蟹的特別喜愛，小隻的大閘蟹，尤其是「雌」蟹，蟹膏豐滿，沾上麵漿炸熟，另有一番風味。但大閘蟹有季節性，用奄仔蟹炸也不失風味。美食是生活情趣，不妨一試，也可配合醋加糖沾食。

Batter fried crab is originate from Jiangnan, China. Local residents like hairy crabs very much, especially the small female ones with rich crab-butter. They like to deep fry the crabs in batter for keeping the juicy flavour. But hairy crabs are seasonal supplied, small mud crab is a good replacement. Dipping with vinegar and sugar sauce can enhance the flavour.

麵拖蟹 Batter-Fried Crab

大閘蟹的魅力

香港人大約是在八十年代中期開始認識到江南的大閘蟹，如今對大閘蟹不但接受，還相當喜愛。雖說是蟹，但大閘蟹的味道是與別不同的，嚐過的人自然能領會。

上海人對大閘蟹特別喜愛。記得年幼時在上海，曾聽母親的麻雀友及姑媽們說：麻雀可以少打一場，大閘蟹卻不能少吃！可見其吸引處。吃大閘蟹分季節，秋天最肥美鮮甜；民間又有「九月圓臍十月尖」之說，即九月應吃雌的（即圓臍）的，十月應吃雄的（即是尖臍）。也有人說，吃大閘蟹可見到人的性格：有些人先吃蟹腳，後吃蟹身，即是知慳識儉、能儲錢的人；先吃蟹身，再吃蟹腳，是較會享樂的人；另有些人是將蟹肉拆出放碗中，全都弄妥後再一齊吃，那是性格穩重的人。這都是吃蟹時的助興說話，只可一笑置之。至於我自己則是無耐性吃蟹腳、只愛蟹身，應該是被寵壞之人。

吃大閘蟹不能沒有鎮江醋、芫荽和薑蓉，還有赤砂糖，混合沾蟹同吃才最妙。此外，在吃完大閘蟹後，只適宜吃用青菜煨煮的上海湯麵，主要是因為大閘蟹太鮮味，吃過之後，其他食物入口也覺無味，而肚卻尚未填飽，所以清淡的熱湯麵是最好不過了。另外，用薑片加入赤糖調煮成糖茶，不但驅寒且能解醋渴。這是一年一度品嚐大閘蟹不成文的飲食規矩。曾有人在大閘蟹宴後，同時呈上魚翅及各種名貴菜餚，真是勞民傷財，只會被視為不懂飲食之道，且有「暴」發之嫌。正所謂「做官三代，先懂穿衣吃飯」，這話雖有些刻薄，但也是實情。上海人雖然愛吃大閘蟹，但只視為優閒生活、季節性的點綴，並無甚麼大不了，這就是「氣派」。

二十多年前在新加坡工作，恰逢大閘蟹季節，客戶花了很多錢請我吃由香港運來的大閘蟹，每人一隻，我還要即席講解怎樣吃，其實很感麻煩。歸程時，我對導演說：

「這頓飯吃得太辛苦，叫做不湯不水。我們上海人吃大閘蟹從來不會只吃一隻，再加上如此的『小』。」

導演問：「你們會吃幾隻？」

我答他：「最少三隻。」

他很驚訝地說：「不會病嗎？」

我說：「沒得吃就會病了……。」

各處鄉村各處例。我當然明白客戶的好意，也感謝他們。

吃大閘蟹當然愈大隻愈好。不過，也愈貴。記得年幼在上海時，家中會把較小的大閘蟹沾上麵漿，用熱油炸熟上碟，即「麵拖蟹」（見前文），味道也不錯。講到這個「拖」字其實是寧波話，上海人借來慣用。「拖」是一個動詞，將食物沾上少許麵漿的手法叫「拖」；在沒有大閘蟹的季節，也可用其他的蟹，如奄仔蟹，味道也不錯。

吃大閘蟹少不了醋，更有是老薑和芫荽，如果沒有這些配料便是浪費了時令的大閘蟹，更少了情趣。先說老薑的切法，要去皮先切成小粒，再略剁；磨成薑蓉的反不妙，因為薑汁流出會有辣味。芫荽洗淨，尤其是近根處，根莖切成小粒；芫荽葉不用太多，切碎混合芫荽根，與薑粒分放各小碟或小碗中待用。醋方面，當然要用最好的鎮江香醋，上海南貨店有售。還有是赤砂糖，最好是上海紅糖，較易溶化。可將醋先放小瓦煲中，熬至微溫，取出，憑個人口味加入糖、芫荽、薑混合拌勻；也有人喜歡加入生抽、麻油各少許，這都是個人喜愛，並無硬性規定。

海鮮類如魚、蝦、蟹等，在食用時沾少許醋或檸檬汁都會更好味。但吃大閘蟹便一定要配特製的醋，尤其不能少用薑，因大閘蟹很寒涼，老薑可驅寒。講究的在吃過大閘蟹後要喝紅糖老薑湯，做法是將大塊薑去皮拍鬆，加入適量清水、紅糖熬至薑出味，飲用此湯可解渴驅寒。

父親的「和蕃菜」

父親在一九六七年移民加拿大，我曾去探望兩次。雖然父親不會講英語，但他有自己一套應對生活的方法，他會把英文譯成中文講，對於認路也從沒有出差錯。他常驕傲的說，率領十萬大軍都沒有帶錯路，現在所去的只是幾間酒店、酒樓、超級市場，有甚麼大不了的！父親有些朋友的子女已在加拿大定居，知道父親也移民來了便都來探望，父親就和這些後輩約定，他們可以每星期來探望，屆時就請他們去酒家吃飯。這些年輕人都是在加拿大讀完書後留下，然後組織小家庭定居下來，雖有工作但並不富裕，平常節省度日，現在有位老人家高興每星期都請客，幾乎要排隊赴約，更有把孩子也帶來的。父親會每人給一封加幣十元的利是，可說是皆大歡喜。左右附近的老蕃鄰居（這樣稱呼只是從俗，沒有貶意）要參加，父親也很高興作東，而且有年輕的一輩做翻譯，一起暢談。他們都喜歡尊稱父親為「將軍」，連派信的郵差都這般稱呼他。

父親懂得生活，雖是軍人出身卻寬宏大量。母親常笑說，父親花錢不計數，是「敗家」；父親卻說，賺錢容易，懂得用錢卻難，此中是一門很大的學問，要學會並不容易，首先是要有「量度」：如果給錢予別人，最重要是不能傷對方的自尊心，並且要讓對方舒服愉快地接受，否則便沒有意思了。這真是知易難行的修養。不過，若能學會應是一生的福氣。我也曾這樣教導兒女，只是頑皮的兒女們會說，雖然明白外公的教導，只是我們沒有外公般富有。但我明白他們已聽在心中了。事實上，我的兒女們都能學到一些我父親待人處事的態度，尤其是二兒子待己儉、待人寬，使我甚感安慰。

父親在加拿大時喜歡自己下廚，還說懂得吃的人一定能學會煮，我覺得很有道理。講究吃的人，對食物會有要求，即使開始時不會煮，也一定漸漸會有進步以至掌握特別的技藝。父親會去超級市場購買食材，發現整隻光雞、光鴨都便宜，但光鴨卻較少人購買，可能較少人懂得煮鴨。因此父親就常用鴨做成各種菜式，例如栗子燜鴨、芋頭鴨、百寶鴨等。有一次，父親用京葱燜鴨，香味濃郁，滿屋飄香，吸引了隔壁的老蕃鄰居來串門子，問老將軍煮何種佳餚如此的香，父親就邀請這一對洋人夫婦留下來同享京葱燜鴨，由弟弟做翻譯，大家很愉快地邊吃邊談；我們笑說，好吃得讓這對夫婦「連耳朵都快掉下來了」……。中國菜始終味道多變化，濃香更是西菜無法相比的。左鄰右里都很盼望能一嚐老將軍烹調的佳餚，但也只能在機緣巧合下才能嚐到。另一方面，父親每天下午都會收到不同的自製糕點作為下午茶，都是那些好鄰居爭先恐後獻上的呢！

父親在加拿大生活將近二十年，雖然衣食不憂，但畢竟與他以前的生活狀況有很大分別。有次閒談中，父親對我說：「人無論在怎樣惡劣的環境，也不應該放棄生存，因為我們不知道，可能有人比我們的遭遇更差；只有不放棄、肯努

小知識

大葱和小葱

大葱葉肥皮厚，有時一根大葱就能重達兩三斤，只吃葱白，略帶甜味，可以直接當作一種蔬菜來炒，北方人食用較多。南方主要是一些小葱，有一股清香味，也叫做香葱，通常作為烹製菜餚的輔料，可以生食。

力，才有好的改變。」父親這個教導，我明白，也學到了。父親離世時是一夜之間發生的事，我雖不捨及傷心，但也感謝上天的恩賜，免了父親受病魔的折磨。父親曾說過，他從軍雖曾掌大權，但從未做過傷天害理的事。他從來都是給人幫忙和照顧，這是我見過的，我相信「人在做，天在看」這句話，所以他走的時候能不受病魔折磨，實在是一種福氣。父親的墓園很大，且在墓園的進口處刻有將軍的名銜，每當有人經過都會向這位老將軍鞠躬致敬，這是我們後人心存感激的事。父親已離開我三十多年，真是十分想念他，但願真有一天能重聚，共享父女情。

京葱燜鴨

材料：

冰鮮鴨 1 隻，京葱 2 條，薑片少許，乾葱 2 粒。

調味：

老抽 2 ½ 湯匙，生抽約 ¾ 湯匙，冰糖碎約 1 湯匙。

做法：

① 把鴨內外沖洗乾淨，用酒、生抽各適量搽勻外邊及內部，略醃片刻，待用。

② 洗淨京葱，切成大段，把乾葱頭去外層，切片。

③ 燒熱油約 3 湯匙，將醃透的鴨放入煎至外呈金黃色，取出鴨。

④ 用少許油爆香薑片和乾葱，放入鴨，灒酒加入蓋過鴨的水份，煮至水份剩半時加入調味和京葱，慢火煮至鴨酥腍，京葱出味，汁減少，即成。

註

紅燜的菜餚比炒菜難學，因為要掌握火候及時間。只要有心學習，有耐性，你一定會煮得好。

調味只是參考，可試味後更改；如顏色不夠，可多加一點老抽。

Stewed Duck and Beijing Scallions

Ingredients

1 Chilled Whole Duck
2 Beijing Scallions
Some Ginger Slices
2 Shallots

Seasoning

2 ½ tbsp Dark Soy Sauce
¾ tbsp Light Soy Sauce
1 tbsp Crushed Rock Sugar

Cooking Method

① Clean the duck thoroughly, inside and out. Spread wine and light soy sauce to skin and inside of the duck, marinate for a while.

② Wash and section the scallions. Peel and slice the shallots.

③ Heat 3 tbsp oil in a wok, fry the duck until golden brown, remove.

④ Heat the remaining oil in wok. Add ginger and shallot slices and stir-fry until fragrant. Add the duck, sprinkle with wine. Add water to cover the duck and cook until remain half of the water. Add seasoning and scallion sections, simmer over low heat until the duck and scallion become tender and sauce thickens.

Tips

The techniques of fry-stew is more difficult than stir-fry. You must control the heat and cooking time carefully. Be patient and have more practice, you can cook well soon.

Seasoning in the recipe is for reference only, you may change it up to your taste. You may add more dark soy sauce to adjust the colour of the duck.

初做烹飪老師

到「家政中心」工作是我學做烹飪老師的第一步，我最初只是做一位助理，負責替那些老師們預備材料，是助手的工作。多位烹飪老師皆從外國學烹飪回來，教導做西餅、蛋糕、西餐等。她們有些看不起我這個沒有「浸過鹹水」（放洋留學）又無專業文憑的人，但是學西餐、西點的學生其實不多，很影響公司的收入，因此公司就請了建國酒店的大廚在「落場」時教她們煮中菜，我就在旁做助手。於是我有機會看這位大廚的手藝，從旁偷師；又因為我懂中菜，所以易學會。

我明白中菜講究的不單是如何煮，其中很多方面和地理、氣候有關。在教導魚香茄子時，多位老師問，既然菜餚中根本無魚的材料，為甚要叫做「魚香茄子」呢？大廚說，他只會煮，名字的緣由就不知道了。當時，我也不知哪來的膽子和勇氣，就對大家說略知一二。大家很有興趣，就叫我講，我跟他們說：「魚香」是四川菜的風味和特色；四川地勢是盆地，當年交通不發達，故四川缺魚類食品。中國人在喜慶大宴時一定要有魚，取其「富貴有餘」之意，因此四川人在宴席上會用一條木魚放上碟，淋上做魚的汁料，取好意頭，而人客都會淺嚐汁料表示有魚吃了。此汁料美味，可辣或少辣，後被用在其他材料上，就變成多款的魚香菜餚了，同時也變成各師各法，味道已不是原味，可能較適合香港人的口味吧。中國的飲食和地理、氣候皆有關。我對飲食知識和烹飪資料是很肯下苦功搜集的。當然自小跟父親去過中國內地很多大城小鎮，加上父親的講解，都使我無意中長了見識。說來好笑，自此之後，這位主管對我有些另眼相看，常帶同我去各中菜酒樓試菜，我也會很小心的答她各種問題。她是一位很努力工作的人，我也佩服她。

為了使自己能更上一層樓，我曾在晚上去酒樓跟一位大廚學藝。那時在香港有一間叫做翡翠宮的酒樓，大廚是四川人，對中菜很有研究；我每星期都有一兩晚跟他學手藝，因為大家都是外省人，用普通話溝通就份外親切了。這位老廚師很嚴厲，但確實「有料」，所以我也忍了他的壞脾氣。在跟他學的眾多菜式中，他讚我的乾燒大蝦煮得最出色，甚至超過他，我真被他嚇出一身汗，只說：「您是名師，我還不能算是高徒。只是我大膽加入酒釀成份較多，因為小時候聽父親說酒釀多些會好吃，自己也吃過。」自此事後，老師傅對我有些另眼相看，教了我一些煮名菜的秘訣，真是意外收穫。這位老師傅教導我約一年有多，後來被人聘請去美國當廚師。當年很多人移民去美國開餐館，廚師很「搶手」。如今回想當年，每天晚上照料全家晚飯後，坐車約一小時才到香港仔，跟師傅在悶熱的廚房學習至淩晨才回家，每星期有一兩晚都是這般。可能那時真是年輕、有精力，也許是相信肯努力就會成功，所以能堅持下來。我相信人要有目標，肯向着目標奔跑，一定會到達的。

後來我將師傅教我的乾燒明蝦列入我的烹飪課程中，很受一班太太們的喜愛，同時也得到主管的讚賞。至於後來我離開家政中心，也是迫不得已。當時，我教上海菜（外省菜）很受歡迎，課室常都滿座，然而我支取的仍然是助理薪金。我大膽向主管提出要求加少許薪金，殊不知她回答我説：「你既沒有外國文憑，又沒有專業廚師證書，你也不能享有港燈員工的福利……」我當時有些氣憤和傷感，教中菜何須去外國學習？真是莫名其妙！我明白世事就是這般，不過我吞不下這口氣，就告辭了，轉去超群。事隔多年後，我已在電視台工作，略有點名氣，曾再遇這位前主管，我向人介紹時説她是我的「舊老闆」，她有些驚喜。我當然尊重她，無論如何，我也曾從她身上學會一些技術及入行的規矩；她曾說，教烹飪是教一種技術，不是做小丑，更不應輕浮，這是我們一代的規矩和尊嚴。她很稱讚我不怕辛勞，用功和努力。唉！「四人花轎人抬人」，懂得感恩是令大家都開心的事，何樂而不為呢！

在此向大家介紹川味茄子（魚香茄子）及酒釀大蝦（乾燒明蝦）這兩個名菜，如你耐心學習，可成為你的「看家請客菜」，既可令你的家人有口福，更能讓你大顯身手。只要用心，留意細節，你一定會成功。

川味茄子

Eggplant in Spicy Sauce

材料：

茄子 1 隻，碎肉約 3 湯匙，浸透雲耳 1 湯匙，馬蹄 3-4 粒，蒜蓉 1 茶匙，葱粒 1 湯匙，紅椒粒 ½ 湯匙。

調味：

生抽2茶匙，老抽1茶匙，辣豆瓣醬½湯匙，糖⅓茶匙，水½杯，麻油少許。

做法：

① 把茄子切段，再切成粗條，泡油後撈出，瀝乾油份待用（也可汆水後瀝乾水份，但味不及泡油，可隨意選用）。

② 碎肉加入生抽 1 ½ 茶匙及生粉少許拌勻，待用。

③ 把雲耳洗淨，與馬蹄同切成小粒（可略剁碎）。

④ 燒熱油 1 ½ 湯匙，爆香蒜蓉，放入碎肉炒勻，再放入馬蹄、雲耳、紅椒粒同炒勻。

⑤ 將茄子加入，放入調味同煮勻，灑下葱粒，即可上碟，趁熱食。

Ingredients

1 Eggplant	3 tbsp Minced Pork
1 tbsp Soaked Cloud Ears	3-4 Peeled Water Chestnuts
1 tsp Minced Garlic	1 tbsp Chopped Shallot
½ tbsp Chopped Red Chili	

Seasoning

2 tsp Light Soy Sauce	1 tsp Dark Soy Sauce
½ Chili Bean Sauce	1/3 tsp Sugar
½ cup Water	Drops of Sesame Seed Oil

Cooking Method

① Cut eggplant into sections and then cut into thick sticks. Fry eggplant sticks in very hot oil rapidly, remove with a strainer to drain. (Or blanch eggplant sticks in boiling water for a while and remove with a strainer to drain.)

② Stir minced pork with 1 ½ tsp light soy sauce and a little corn starch, set aside.

③ Wash cloud ears, fine chop with water chestnut meat.

④ Heat 1 ½ tbsp oil in a wok, sauté minced garlic until fragrant. Add pork to stir-fry well, stir in water chestnut, cloud ear and red chili to cook.

⑤ Add eggplant and seasoning to cook for a while, sprinkle with chopped spring onion. Transfer to a plate and serve.

Tips

此菜較辣，但開胃。

This is a spicy and appetizing dish.

川味茄子 Eggplant in Spicy Sauce

酒釀大蝦

Prawns in Sweet Fermented Glutinous Rice Sauce

材料：

大蝦 6-8 隻，洋葱 ½ 隻，蒜蓉、乾葱各 1 茶匙，酒釀約 3 湯匙，辣豆瓣醬 1 茶匙。

調味：

茄汁 3 湯匙、生抽 1 茶匙，糖 1 茶匙，鎮江醋 ½ 湯匙，水約 1/3 杯，胡椒粉少許。

做法：

① 把大蝦鬚腳及尾部硬刺剪去，挑腸洗淨，用廚紙吸乾水份；放入滾油中走油後撈出，瀝乾油份，待用。

② 把洋葱切成小粒，用油一湯匙炒香，並加入蒜蓉、乾葱蓉和辣豆瓣醬炒勻，放入蝦。

③ 酒釀與調味同拌勻，加入上項蝦中同煮滾，收慢火煮至蝦吸收味料，即可上碟。

Ingredients

6-8 Large Prawns

½ Onion

1 tsp each Minced Garlic and Shallot

3 tbsp Sweet Fermented Glutinous Rice

1 tsp Chili Bean Sauce

Seasoning

3 tbsp Ketchup

1 tsp Light Soy Sauce

1 tsp Sugar

½ tbsp Zhenjiang Vinegar

1/3 cup Water

Dash of Pepper

Cooking Method

① Using scissors, trim the legs and the sharp part at tail from the prawns. Remove the vein, and then rinse and pat dry with paper towels. Fry the prawns in very hot oil rapidly, remove to a strainer to drain.

② Chop onion and stir-fry with 1 tbsp oil until fragrant. Stir in minced garlic and shallot and chili bean sauce. Add prawns and stir well.

③ Mix sweet fermented glutinous rice and seasoning, pour over the cooking prawns, bring to a boil. Lower the heat, cook until the sauce is absorbed by the prawns. Transfer to a plate and serve.

Tips

此菜最重要是調味、酒釀的配合，汁可略多，才能更美味。

The matching of seasoning and sweet fermented glutinous rice be the key point of this dish. More sauce, more delicious.

酒釀大蝦 Prawns in Sweet Fermented Glutinous Rice Sauce

售賣千里香的外江佬

我初來香港時住在北角的馬寶道，父親先我們來香港數年。①租住在唐樓，由家中的大陽台可望到樓下的街道上，常有人來賣「飛機欖」，一毛錢有兩包，小販會從樓下把欖扔上來，這是我們兄弟姊妹感到新奇的事。那時的樓房一般最高只有四層樓，所以熟練的小販不難命中目標，能藉此謀生。後來樓房愈造愈多層，飛機欖恐怕要搭直升梯才能送到了，於是這行業式微，我的孩子們都沒見過。

此外，當年小街上也有小販出售各類物品，如糖砂炒栗子，賣涼果的，還有皮蛋酸薑之類；街尾尚有雞蛋仔、薄餅等小吃，很吸引我們這些小孩，可惜零用錢不多，只能看一看、嗅一嗅。又有一挑擔小販，是賣炸臭豆腐的，很不受街坊歡迎，且受排斥，不許他在附近擺賣。有一次父親帶我外出，回家時恰巧看到街坊群起攻擊這位

① 可參《方太的滋味人生》，天地圖書出版，二零一八年。

賣臭豆腐的小販，父親就上前解圍，對街坊們說：「炸臭豆腐時雖有異味，但吃在嘴裏是美味的，因此被稱為『千里香』，且豆腐經過發酵是大眾的營養食品。」父親並出錢買下多件，請街坊們品嚐，教導他們可沾甜醬、辣醬同食，並且說：「用糖醋汁沾食更美味，也可蒸後作為飯菜。」經父親一番介紹，鄰居們嚐味後也減少了反感，不再驅趕這位賣臭豆腐的外江佬了。

這小販向父親致謝，由他們的談話，知道他本是一位「軍長」，因為內戰的關係而離開中國大陸，帶着積蓄來了香港，但投資生意皆失敗，積蓄用盡，只能流落在調景嶺居住。他的很多同鄉也像他一樣，為了生活，只能不顧一切地盡力謀生。這位軍長說，自己除了打仗便甚麼也不會，有人教他賣臭豆腐，本小利厚，所以就試試。他又說，自食其力總比求人好，最感安慰的是，不久前將兒子送去外國留學，現在快大學畢業了；不過兒子並不知道他賣臭豆腐為生。父親鼓勵他，說他有出息，不靠人施捨，並向他購買多件炸好的及尚未炸的臭豆腐。後來父親每次見他擺檔，都會向他購買，但始終沒有向他提過自己以前也是軍人的事。在父親的年代，人們很看重「身份」這回事的。也許父親感到自己帶了一大群孩子在香港安靜過日子，也算是落難，「好漢不談當年勇」是英雄的守則。父親同情和幫助這位過氣軍長，相信父親心中也感慨和難受。

臭豆腐用油炸是一般食法，還可加上毛豆、火腿蓉而整片蒸，更為別致。此外，我們會加入鮮鴨蛋攪碎同蒸，加蔥花，灒滾油，又有不同的味道。這些都是愛臭豆腐者的心頭好。可是，近年南貨店也難買到好的臭豆腐，而擺檔油炸的臭豆腐更絕無僅有。有時也頗懷念那味道。有一天，小女寶兒發現在灣仔一小巷有臭豆腐出售，曾買過幾次，不錯。臭豆腐在上海就很普遍，曾在旅遊當地時吃過，只是看到那鍋炸豆腐的「老油」便有些害怕。小兒子常說，其實我只是出於情意結而並不是對臭豆腐特別喜愛，我想也許是吧。我想，臭豆腐有些像榴槤，喜歡它的人永遠不覺它「臭」，反而覺得香，是無法抗拒的香，令人垂涎欲滴。如果你沒試過，不妨一嚐，因為若干年後可能不再有這些食物了！年輕的一代不懂吃，也不會試，接着便沒人再做了。臭豆腐又名為「千里香」，到底是臭是香？可說各有所愛吧。

毛豆蒸千里香

材料：

臭豆腐 2-3 件，毛豆粒約 3 湯匙，火腿絲少許。

調味：

生抽、麻油各少許。

做法：

① 把臭豆腐沖洗乾淨，用廚紙吸乾水份，隨意切成小塊或整塊上碟。

② 毛豆粒氽水後放臭豆腐碟中。

③ 把火腿絲放臭豆腐面，隔水蒸約三十分鐘，取出，淋上少許調味即成。

註

臭豆腐被喜愛者譽為千里香。

Steamed Stinky Tofu and Vegetable Soybean

Ingredients

2-3 pieces Stinky Tofu
3 tbsp Vegetable Soybean
Some Ham Shreds

Seasoning

Light Soy Sauce and Sesame Seed Oil, to taste

Cooking Method

① Rinse stinky tofu and pat dry with paper towels. Cut into small pieces if you like. Transfer to a plate.
② Blanch vegetable soybean in boiling water. Drain and put on the plate around the tofu.
③ Place ham shreds on top of tofu. Steaming over boiling water for 30 minutes. Remove and sprinkle some seasoning to taste.

Tips

People who like stinky tofu will describe it "can scent a thousand miles".

雪菜炒如意菜

Stir-fried Soybean Sprouts and Preserved Cabbage

材料：

大豆芽菜 ½ 斤，雪菜 1 棵（約 2 両），中芹 1 棵、甘筍絲少許。

調味：

生抽、糖適量，麻油少許。

做法：

① 把大豆芽除去尾端，洗淨待用。洗淨雪菜，切成小粒，再沖洗後擠乾水份，待用。

② 把中芹除葉切成段，待用。

③ 燒熱油約 1 湯匙，放下雪菜和大豆芽炒勻，放入水約 ½ 杯，略煮至大豆芽熟。

④ 將中芹、甘筍絲加入炒勻，試味後可適量加入調味少許，即成。

Ingredients

300 g Soybean Sprout

75 g Preserved Potherb Mustard

1 stalk Chinese Celery

Carrot Shreds

Seasoning

Light Soy Sauce and Sugar, to taste

Drops of Sesame Seed Oil

Cooking Method

① Remove the root ends from soybean sprouts. Rinse the preserved potherb mustard, chop and wash again. Squeeze out excess water, set aside.

② Remove leaves from celery and cut into sections.

③ Heat 1 tbsp oil in a wok, stir-fry preserved potherb mustard bites and soybean sprouts thoroughly. Add ½ cup of water, cook until the sprouts completely cooked.

④ Put celery and carrot shreds into the wok, stir well. Add seasoning to taste. Transfer to a plate and serve.

Tips

此是一款健康好味的素食，冷熱兩相宜，但不易煮，因為雪菜有鹹味，所以先將鹹菜大豆用少許水略煮，可使大豆芽熟透，也減淡雪菜的鹹味。大豆芽似如意形狀，故稱如意菜。

This is a healthy and savory vegetarian dish. It is good to serve at warm or cold. To cook the preserved potherb mustard and sprouts in water briefly, aims not only to make the sprouts cooked through but also to reduce the saltiness.

雪菜炒如意菜 Stir-fried Soybean Sprouts and Preserved Cabbage

亭子間的嫂嫂

記得小時候，母親離開北京、天津的家後，就帶我們搬去上海法租界居住，可能和父親的工作有關，那時我年紀太小，實在搞不清楚。在搬入滬西的大宅前，還記得我們的住處是一座靠着馬路的小洋房，有三層樓，但面積不大。印象中，那房子最底一層是客廳，如果打開門就可以看到街外，所以母親在家時，總是關上大門，但當母親外出時，我們便會打開門，隔着鐵的推拉門看街外，這是我最喜歡的了。

在上二樓的樓梯轉彎處，有一間小房間，叫做「亭子間」。那小房間可以放上一張床、一個衣櫃和一張小桌子，我想大約不到一百平方英尺吧。這種空間大多數是用來擺放雜物，也有人租給單身人士或小夫妻居住。母親很節儉，同時父親在外地，她便將此亭子間租給一對小夫妻住；男的一早就出門工作，很晚回家，所以很少見到，而女的被我們稱為「亭子間嫂嫂」，常在家做些針線手工等，除了煮飯，總是躲在自己的小房間內。那時我大約七歲，弟妹們年紀太小，常感覺沒人陪自己玩，很寂寞。

有一次，當亭子間嫂嫂煮飯時，我讚她煮的菜很香，她很是高興，說是用了很少的咖喱粉去煮洋山芋①，並用小碟盛出一些請我吃，使我高興得很。母親回家後即告之此事，母親怪我不懂規矩，親自入亭子間嫂嫂的房去道謝，從此她們也開始了交談。亭子間嫂嫂很羨慕母親擁有的一些物質，覺得母親有兒有女，有自己的工作（做助產士），又不愁錢，很有福氣。母親當然不會對她說自己並非正室。不過，大家相處得很好，工人們也不敢欺負亭子間嫂嫂，彼此有少許像一家人，各守本份。那時的人也許較單純。這位亭子間嫂嫂煮的家常小菜不錯。雖然家中工人說那是「小菫」，即是不會有大塊肉、大條魚，只會是肉絲、肉片類，可能還是為了省開銷吧。

直到父親來到上海，告訴母親已在滬西近郊買了大宅送給她，我們才離開了這臨馬路的房子。母親曾對父親說很羨慕這對小夫妻，雖然不是有錢，但是一夫一妻。記得母親曾說過：

① 洋山芋是上海人對馬鈴薯（薯仔）的叫法，表示是洋人帶來的馬鈴薯。

「如果你是農夫該有多好——你耕田，我可放牛和種菜……」

誰知父親聽後，哈哈大笑地說：「農夫可沒錢給你買香水和絲襪了！」

這是父親幽默，但說的也是真話。我母親是很節儉的人，可能她沒有安全感。在她去世後，家人發現原來她用弟弟的名字買下了整條街的房子，然而我們住過的大宅現已被政府徵收為他用，母親留下的錢，我們親生兒女一毫都沒得到，枉費母親的一片心。

我母親留下五個孩子，最大是我，然後是兩個妹妹和兩個弟弟，最小的弟弟當年只有一歲。我是在無人關心下長大的。雖然我排行最大並得父親疼愛，但父親公幹多，常出差去各地，而我受盡一些無良心、無愛心的同父異母姊妹兄弟所妒忌和欺凌。我就是在這種環境中長大的。

親母去世後，曾經有一次，家中有人說，他第一次投資做生意是用了我母親留下的錢，使他成為澳洲華人富豪之一，並讚母親聰明。我聽後就回說，我認為我的親母不聰明，且是笨女人。在座多位長輩立即異口同聲說我不懂事及沒有規矩，竟敢如此批評自己母親。我說：「母親節儉存錢，但她留下的錢，五個孩子卻一毛錢也用不到，且都是在苦難中長大。怪不得俗語說得好，做官的父親，不如做乞丐的親娘好。人死了也無話好說了。」在座的長輩聽我如此說，也不敢多插嘴了。我不會爭取先人留下的一切，窮也要窮得「乾淨」，我和兒女過自己的日子，不貪不搶，簡單生活，但心裏平靜，對得住自己良心。

記得我初出來工作的時候，家中有人諷刺我說：「幾十歲人現在出來工作是否遲了一點？」我雖感到難受，但沒有受其影響自力更生的決心。多年來，我從不抱怨，刻苦耐勞，努力工作，總算有些成就。所以，我想告訴大家，有正確的人生觀、價值觀，不怕辛勞，總能走出一條路的。靠自己，哪怕是吃粥，也比靠人施捨飯吃，來得自在。我從不羨慕別人所謂的優質生活，更不貪別人的錢財，粗茶淡飯，心無所慮，瀟灑輕鬆地過活，這就是我所追求的了。從前，我的人生以追求家人溫飽為主，日以繼夜地不停工作，甚至同一時期三份合同在身，每天和時間賽跑。如今，我以平淡輕鬆、平安健康的人生為主，做自己喜歡的工作，與世無爭，豈不快哉！

咖喱肉片洋山芋

Curry Potatos and Pork Slices

材料：

薯仔（洋山芋）2 隻（約重 200 克），瘦肉 100 克，葱粒少許，咖喱粉約一茶匙，乾葱片少許。

調味：

鹽、糖各少許。

做法：

① 把薯仔去皮切成角形或厚片浸入清水中，待用。

② 把瘦肉切片，放入生抽 2 茶匙，以少許生粉拌勻待用。

③ 在鑊中燒熱油約 1 湯匙，將肉片略炒盛出，待用。

④ 在鑊中再加少許油，爆香乾葱片，咖喱粉，將薯仔片從水中撈出。放進鑊中，並放入調味，加水約 1/3 杯至薯仔熟。

⑤ 將肉片、葱粒加入上項材料中，炒拌均勻即成。

Ingredients

2 Potatoes, about 200g
100g Lean Pork
Pinch of Chopped Spring Onion
1 tsp Curry Powder
Some Shallot Slices

Seasoning

Salt and Sugar, to taste

Cooking Method

① Peel potatoes and cut into wedges or thick slices. Soak in water for later use.

② Slice pork, marinate with 2 tsp light soy sauce and a little corn starch.

③ Heat 1 tbsp of oil in a wok, stir-fry the pork slices light. Remove and set aside.

④ Heat the wok with oil again, sauté shallot slices and curry powder until fragrant. Pick the potato pieces out of water and put them into the wok. Add seasoning and 1/3 cup of water to cook until the potato become tender.

⑤ Add pork slices and spring onion bites, stir well. Transfer to a plate and serve.

咖喱肉片洋山芋 Curry Potatos and Pork Slices

饒有生活情趣的生母

在我將近九歲時，親生母親就去世了；我的家庭本來複雜，隨着母親去世，我的整個世界都變了。生母在世時對我的愛，和總將我帶在身邊的日子，是我永世難忘的。有時想到父母，心中的傷痛真是難以形容，恨不能大哭一場，但奇怪又哭不出來，也許真是老了，連眼淚都乾了。幸好如此，否則真會嚇壞了我的兒女們。再說父母已去世多年，應早已升天，就讓往事成為美好的回憶吧。

我的親母是父親的第三位太太，所以我是庶出，但父親深愛我，這是全家都知的。我親母比父親小約十多歲，她是窮人家的女兒，自嫁我父親後，娘家便得到照顧；父親也答應她可以入學，所以親母是憑自己努力而拿取到助產士證書，繼而可以為婦人接生的。父母親十分恩愛。母親十分洋派，插花、畫畫、跳交際舞等都難不倒她。那時我們住在上海法租界，巡街的警察很多是越南人，稱為「安南巡捕」，都說法國話。這引起親母學法語的興趣，大約學了一段時期，居然琅琅上口，可以用法語應對，使父親感到驚奇和高興。

我的親母喜歡各地美食，但她不愛烹飪，在我印象中不曾見過她下廚，也許那時家中有廚師，根本不用她下廚。每當父親回到上海和母親相聚，她一定會安排一些節目給父親，也會帶上我。母親曾安排去崑山吃鴨麵，那是當地著名的食物之一。這樣的坊間小食，對父親來說有新鮮感，尤為驚喜。這種鴨麵的做法，是把整隻鴨燉煮至全部酥爛，其湯呈乳白色，湯用來煨麵，再將鴨肉夾放在麵上。兒時吃過，一直難忘，為此小兒子有一次特別請我去了一次崑山。我們是開車去的，那時兒子在內地工作，辦公地點是在蘇州的工業城。他説去崑山不遠，我卻感覺坐了很久，有點累。到達後，見鴨麵仍有出售，但是否仍像我兒時的味道，我也不敢説，只可説還不錯。

小時候由父母帶着外出是最興奮的事，同時，我們是坐火車去的，父親那時是整列火車包下來，乘客只有我們數人（讀者不要以為我誇大，這是真事，那時有勢力比有錢更重要，這才是做官）。我最感興趣的是每到一站停下來時——例如由上海去南京要經過多個車站——車窗外有小販出售土產，最記得無錫站有肉排骨、醬肉和泥娃娃出售，現在當然已經光景不再。

往事如煙，煙會散，滋味留於心。自己現在也一把年紀，但想起和父母相處的歡樂日子，總有一種自己還是小女孩的感覺。歲月無情，匆匆就數十年了，我生母離世時比我現在年輕得多，她因為家窮而嫁我父為妾，但想不到他們夫妻恩愛。父親在世時，我曾去加拿大探望父親，那時我親母已離世四十年，有一天父親讓我去觀賞著名的尼亞加拉瀑布，歸家時，發現父親在園中等待着，看樣子是想罵我回來太晚，但後來卻只是看着我而沒有責罵，父親看我的眼神，令我覺得有點奇怪。第二天早晨，父親才對我說：

「你昨晚回來時，一剎那間很像你母親。」我感到有些突然。

父親接着說：「不過你不及你母親漂亮。」

我就回父親一句說：「因為我一半像父親呀！」

大家心中明白，不再說下去，不想再惹哀愁。我心中很感慨和難過，一位拿槍桿帶過十萬大軍的將軍，卻難忘逝世數十年的女人。逝者如有知，不知感覺值還是不值？

生母是一夜間與父親外出時突然去世，那時我年紀小，根本不知是怎麼一會事，眾人傳説紛紜，有人跟父親説：「殺你身邊的女人，可能是對你的一種警告，也可能是復仇……」誰知道？家中也不許談論此事。但我相信生母一直活在父親心中。他們都已離我而去，願他們在天上重聚。我生母生在貧窮之家，但有愛心，父親不在上海時，母親就做義工去為貧窮婦女接生，幫助新生命的來臨。生母去世時只有三十三歲，她的早逝使我在家族中受到很多不公平的對待及同父異母的兄姊所欺侮；但有時又想，也許這些經歷促使我成長和堅強。上天是很公平的，失去一些又補償一些，看你怎樣去領悟和面對。我感恩能活到現在，並且還活得不錯，也許是父母在天的默默保佑。

濃湯鴨麵

Duck Soup Noodle

材料：

上海麵、紅燒鴨各適量，蔬菜少許。

調味：

鹽少許

做法：

① 把上海麵放入滾水中煮後撈出，用冷水沖洗淨，待用。

② 煮熱適量滾水或上湯，放入麵及紅燒鴨的湯汁，使湯變濃味，放入蔬菜同煮。

③ 將鴨肉夾出放面即成。

Ingredients

Shanghai-style Noodles
Braised Duck
Vegetables

Seasoning

Salt, to taste

Cooking Method

① Cook Shanghai noodle in boiling water until cooked through, remove to a strainer and rinse under cold running water. Drain.

② Boil some water or stock, put in noodle and sauce of braised duck, add some vegetable to cook together. Transfer to a large bowl.

③ Place duck flesh on top and serve.

Tips

此食譜是介紹家中如有紅燒的菜式，如紅燒肉、栗子燜鴨或冬菇燜雞等，剩下的湯汁，可配合麵煮成另一款可口的食物。江南一帶的人習慣紅炆菜，會特意使汁料略多，用作另一餐的材料，是慳儉，但不寒酸，是能幹家庭主婦的心思，巧手之作。

If you have any braised dish, eg. braised pork, braised duck and chestnut, or braised chicken and mushrooms, etc. It is good to cook with noodles. People in Jiangnan have braised dish often. They will cook more than enough at one time, and keep for another meal.

濃湯鴨麵 Duck Soup Noodle

懂得享福的第二位母親

我的親生母親是父親的第三位太太。自我親生母親逝世後，有一段時間我是跟着第二位母親生活的，主要是她來了上海，與我們同住一間大屋內。因為有工人照料，所以和她的接觸其實並不多。二媽不曾打過我，也不曾大罵過我，當然，也不喜歡我。她是父親的填房妻子。我大哥在喪母（即我的大媽）後聽說：祖母怕孫子會受到後母的欺凌，在父親續弦一事上，就為父親娶了大媽的妹妹（即小姨）做填房太太。所以二媽與父親結婚是遵「父母之命」的。

我計算過，父親和二媽婚後大概不是太久，我母親就入門了。想來，被人分去丈夫，總不會是快樂事。在我們這些姊妹長大後，有一次二媽說：

「你們很幸福，可以自由戀愛。我們那個年代沒有這回事。如果有，我才不嫁給你們父親。」

父親聽後總哈哈大笑，並說：「你也找不到一個比我更好的……。」

我們當時以為是父母「耍花槍」，長大後才想到那可能是二媽的真話。

二媽應該是有福之人。父親九十歲去世，二媽隔五年後才去世，恰恰八十二歲。她一生伴着父親，很會過自己的日子：父親不在身邊時，她打牌、聽戲①，穿最好的、吃最好的。她根本不理會父親的一切，生下孩子就交由乳娘照料；所以，當我們兄弟姊妹長大後，有一次大聚會時，閒談中說起父母，感覺二媽可能比父親還厲害，以不變應萬變。記得父母移民加拿大後，我去探望時，發覺客廳中供奉的「觀音大士」被一條白毛巾蓋着，很是奇怪。向二媽查問，她很冷靜而幽默地說：「你老爸脾氣一來就罵人，省得觀音大士受到騷擾，所以用毛巾蓋着。」

我二媽拜佛，初一、十五必吃素，平時也不吃葱、蒜、韭菜等，在每年的六月更會吃整個月的素，叫做「六月素」，這是那些有錢的上海太太們之間最為流行和摩登

① 北方人看京戲，不是看，主要是聽。

的事。二媽的素食，講究且頗費心思，每天都不同花樣，廚師感覺很困擾。有一天廚師做了一款叫「翡翠白玉」，名字雅致，上枱一看，是剁碎的鮮醃青菜煮嫩豆腐，材料雖簡單，但就勝在簡單，二媽很喜歡。此外有金針、雲耳、煲豆腐、素燒鴨等，我們也很喜歡吃，總會要求給我們一些嚐嚐。那廚師誇口說，平時太講究，返璞歸真就反而矜貴了。

二媽和父親在加拿大時，大多數時間是兩老相處，看到他倆閒談往事，很歡愉。二媽依然是不到中午十二點不起床，父親卻一早起來，照顧自己事事妥當，照樣填詞、作詩、寫日記，準備午飯或做其他美食。我在探望時，雖然很心疼父親，但我有自己的家，一群未成年的兒女，也無法留下來幫忙和為父親解悶。有一次我們看華文電視，恰有許冠傑演唱《浪子心聲》，我為父親講解，父親也很欣賞；重聚時間雖然短暫，但這片刻愉悅，使我一生難忘。

父親是在一夜之間就離開了的，對我是沉重的打擊和哀慟，但，對父親而言應該是福氣。以父親的性格，若要他久病在床，簡直是折磨。父親在加拿大曾跌斷腿骨，醫生在為他動手術後表示可能要坐輪椅，父親當年已八十歲，他天天堅持練習，康復過來，後來只要用拐杖就能走路，且走得很好。父親的堅毅是我佩服的，但願能遺傳多少給我。

父親和二媽是兩個世界的人，他們卻相處了一輩子，自父親去世後，二媽被兄姊接回香港居住，她是否喜歡也由不得她作主。她住在山頂的複式洋房中，請了兩位護士輪流照顧。因為實在離我家很遠，所以大約每月去探望一次。二媽很喜歡我的小女兒，但寶兒要上學，也只是偶爾去探望。其他她親生的兒女一些在外國，一些在港的也忙，所以我感覺二媽很寂寞。她很想逛街，但責任太大也無人敢帶她逛街；她生活在不愁錢的日子裏，但錢又好像對她起不了作用。

二媽講究飲食，但患上糖尿病後要忌口，每天只是菜湯泡麥包。到我患上糖尿病時，我才明白糖尿病雖然是要忌口，但在懂得挑選下，仍然有許多種食物可供選擇，一樣有美味及精彩的食物可嚐。人老後，無錢生活是苦事，然而錢其實夠用就可以了，最重要是身邊有愛你、關心你的人。當年二媽生下孩子就交給乳娘和工人照顧，與孩子們變得感情不深。那個年代尤其是有錢的人家，孩子大多數是交給工人帶的，根本無親子教育，也無愛心教育，孩子就這樣糊塗地長大，當長大後各有自己的天地，更無法兼顧母親了。我們一些沒有本事供養她的更不敢多說話。

二媽在回來香港的五年中，給她的都是一等的照顧，即使傷風咳嗽都入醫院。有一次寶兒探望外婆，她對寶兒說「活膩了」，外公就快來接她了——寶兒聽後很害怕，回家哭着告訴我。二媽返港第五年就去世了。二媽曾說，甚麼也見識過、享受過，一切都無所謂了。在父母的年代，女人嫁丈夫，最重要是男人有本事、有地位、有錢。丈夫不在身邊，她們做太太的就會享受，懂得過自己的日子；本來也不能說這樣有錯，可是對兒女的成長有很大影響，以前多紈絝子弟相信和這也有關吧。我年輕時因為早婚，家裏經濟情形並不好，和兒女相依為命，共同面對困難，守望相助，大家感情就比較深刻，有濃厚的親愛及關懷，這是我深感安慰的事。

如今青年一代都很寶貴兒女，這本是人之常情，但過份的寵愛並非好事，孩子最需要的是父母及長者的時間，能細心帶領他們長大，依靠的並非物質。我感激上天的恩賜，兒女都待我好，尤其寶兒更是十二萬分的孝順。不過，話又說回來，我雖然深愛兒女，但也屬有規矩的管教，並不放縱他們。還記得一個笑話，我有一次發小兒子的脾氣，孫兒看到了，就很不高興我責怪他父親，對我說：

「嫲嫲，爸爸位至行政總裁（CEO），管理整個大機構，你怎樣可以這樣說父親？」

我忍住笑，冷靜地對小孫兒說：「對不起！哪怕你父親現在是皇帝，我也是這樣說。」

小孫兒尚不服氣說：「如果是皇帝，嫲嫲你不怕會被殺頭嗎？」

我回答小孫兒說：「你忘了我是『皇阿媽』嗎？」小孫兒也就無話可說了。

我和孩子們的感情很深，我們是彼此最親的人，也是最好的知己朋友。對兒女要去愛，要去關心，但同樣要教導。這樣他們就會從你身上學會愛，學會關心及其他品德。對待父母如果只不過是盡責任而沒有深入的愛和關心，對雙方都是一種悲哀，更會影響到下一代，同樣不懂尊敬愛護父母。不樹立好的榜樣，怎能教出孝順懂事的兒女呢？

翡翠白玉

Tofu and Preserved Cabbage Stew

材料：

小棠菜 1-2 棵，板豆腐 1 大件，蝦米數粒，薑米 ½ 茶匙。

調味：

生抽 ¾ 湯匙，糖 1/3 茶匙，鹽、胡椒粉、麻油各少許，水 ¾ 杯。

做法：

① 將小棠菜洗淨切成「指甲片」小粒，放入少許鹽略醃，待有水份流出，沖淨並擠乾水份，待用。（即是醃菜花）

② 洗淨蝦米後略浸；沖洗豆腐並切成小塊。

③ 燒熱油約 1 湯匙餘，爆香薑米、蝦米、醃菜花，然後將豆腐和調味加入，煮至滾起，至菜花熟透，注入少許生粉水勾芡，即可上碟。

Ingredients

1-2 Shanghai Pakchoy

1 piece Tofu

Some Dried Shrimps

½ tsp Chopped Ginger

Seasoning

¾ tbsp Light Soy Sauce

½ tsp Sugar

Salt and Pepper, to taste

Drops of Sesame Seed Oil

¾ cup Water

Cooking Method

① Cut Shanghai pakchoy into small cubes, marinate with salt for a while until water seep out. Rinse and squeeze the excess liquid.

② Rinse and soak dried shrimps. Rinse and cut tofu into small pieces.

③ Heat about 1-2 tbsp oil in a wok, stir-fry ginger, dried shrimps and marinated pakchoy. Then stir in tofu, season by seasoning. Bring to another boil, cook until the pakchoy cooked through, thicken with a little starch solution. Ready to serve.

Tips

可隨意加入蝦米，如吃素則不放入蝦米。

Dried shrimp is optional, vegetarians may skip this ingredient from the recipe.

翡翠白玉 Tofu and Preserved Cabbage Stew

素燒豆腐
Vegetarian Braised Tofu

材料：

豆腐1大件、金針、雲耳各適量，紅棗數枚，西蘭花½個，薑2片。

調味：

老抽2茶匙，生抽1茶匙，素蠔油1湯匙，水¾杯，麻油少許。

做法：

① 將豆腐切成小件，放入滾油中炸至外呈金黃色撈出瀝去油份，待用。

② 把金針、雲耳浸透並洗淨，把紅棗去核切成小條狀，把西蘭花切成小朵狀，汆水撈出待用。

③ 燒熱少許油爆香薑片，放入金針、雲耳、豆腐及調味煮至入味及汁減少，加入西蘭花同煮勻，即成。

Ingredients

1 piece Tofu
Some Dried Orange Daylily
Some Cloud Ears
Some Red Dates
½ Broccoli
2 Ginger Slices

Seasoning

2 tsp Dark Soy Sauce
1 tsp Light Soy Sauce
1 tbsp Vegetarian Oyster Sauce
¾ cup Water
Drops of Sesame Seed Oil

Cooking Method

① Cut tofu into small cubes, deep fry in hot oil until golden brown. Remove to strainer to drain excess oil.

② Rinse and soak orange daylily and cloud ears. Stone red dates and cut into small sticks. Cut broccoli into pieces, blanch in boiling water and soak in icing water.

③ Heat a little oil in a wok, sauté ginger slices until fragrant. Add orange daylily, cloud ears, tofu cubes and seasoning to cook until liquid reduced. Add broccoli and stir well. Transfer to a plate and ready for serve.

Tips

雖是全素的材料，只要煮得透，材料入味，即會可口。在我的食譜中甚少打芡，原汁原味，是真材實料，願你能欣賞。

Although all the ingredients are vegetarian, it will be delicious when cooked through and all the taste be absorbed. I seldom add thickening in my recipes, all flavours are come from good ingredients. I hope you can appreciate this idea.

素燒豆腐 Vegetarian Braised Tofu

素燒鴨

Vegetarian "Roasted Duck"

材料：

腐皮 2 大張，甘筍 1 隻，冬菇 6-8 隻。

冬菇甘筍調味：

生抽 2 茶匙，糖 ½ 茶匙，水約 1/3 杯。

腐皮包調味：

生抽 ½ 湯匙，老抽 2 茶匙，糖 1 ½ 茶匙，水約 ½ 杯至 ¾ 杯，麻油少許。

做法：

① 冬菇隔夜浸透，除蒂洗淨切成絲。把甘筍去皮刨成絲（粗絲），待用。

② 燒熱油約 1 湯匙，將冬菇絲炒熟，並加入調味煮幾分鐘，拌入甘筍絲待冷後用（分成二份）。

③ 用濕布把腐皮抹勻，每張包入上項材料成長方形，包時可使腐皮成多層狀。

④ 用少許油及小火將上項腐皮包略煎至外皮成金黃色。注入調味用小火略煮至汁收乾（可用竹籤插破腐皮，使入味）取出，待冷即可切件上碟供食。

Ingredients

2 Tofu Skin　1 Carrot　6-8 Shitake Mushrooms

Seasoning for Carrot and Mushrooms

2 tsp Light Soy Sauce　½ tsp Sugar　1/3 cup Water

Seasoning for Beancurd Sheet

½ tbsp Light Soy Sauce　2 tsp Dark Soy Sauce

1 ½ tsp Sugar　½ to ¾ cup Water　Drops of Sesame Seed Oil

Cooking Method

① Soak Shitake mushrooms the night before. Remove stems and cut into shreds. Peel carrot and shred with a shredder.

② Heat 1 tbsp oil in a wok, stir-fry mushroom shreds until cooked through. Add seasoning to cook for further several minutes. Stir in carrot shreds. Set aside to cool. Divide into 2 portions.

③ Wipe the tofu skin with damp cloth. Place one portion of filling on the tofu skin, pack as a multi-layers rectangle.

④ Pan-fry the tofu skin pack over low heat until golden brown. Pour in seasoning and simmer over low heat until the sauce almost dry. (Piercing small holes on the tofu skin can help it to absorb seasoning.) Transfer to a plate. Cut into small pieces while cool.

Tips

可煮成數件放雪櫃，食用時才切件，不用翻熱，即可冷食，或放在飯面使半溫。

Prepare more in advance and keep in fridge. Cut at the time of serving. Vegetarian "Roasted Duck" is a cold dish, no need to reheat. Or make it warm by putting on hot rice.

素燒鴨 Vegetarian "Roasted Duck"

小上海的醉大轉彎

醉雞是上海菜中的冷盤。一九四八年，大量上海人移居香港，那時北角一帶被稱為「小上海」，很多上海菜館開設在北角英皇道，著名的有「三六九」、「老正興」、「雲華」等，不出名的小店更多，而醉雞也是從那時開始被本地人認識的。不過，很多香港人聽到「醉」字時總會問，吃醉雞可會令人醉倒？這句話常使上海人哈哈大笑。

一九七九年，我開始教烹飪，是香港第一個教那些闊太太們煮上海菜的烹飪導師。幸運的是，那些學生個個都是名流太太，平時皆講究飲食，家中都聘請了廚師、廚娘，故對飲食都是眼高手低，而她們參加烹飪班可說是社交活動——因為那些太太們很多都是相識的，聚集一堂學烹飪覺得很開心。她們也肯認真學習，因為能有機會在家一顯身手，不但令家人驚喜，更可一嚐自己的親手製作而得到滿足感。所以每次開班總得到她們熱烈捧場，這對剛開始工作的我是很大的支持力量，真是很感激她

們。這些日子雖然已過去了很久，但在我心中仍恍似昨日，歷久難忘。

醉雞是她們選中要學的菜式。經學習後，她們都做得出色。做「醉」的菜餚講究掌握時間性，不能儲存太久，否則酒味太濃，材料就會變味；但是，存放時間不夠又沒有酒的香醇味，所以關鍵是要「恰到好處」，其中的「心得」真要各憑智慧、心領神會——只可意會，無法言傳。不過，至少一定要把雞蒸至全熟，絕不能骨中帶血。未熟的雞泡在酒滷中，會有血水滲出。

現在大多數是小家庭，我介紹「醉雞翼」給大家，相信比較適合和簡單容易。雞翼一定是用急凍的，不比以前：在上海冷盤中的「大轉彎」就是醉雞翅膀，選用鮮雞，和當年的貴妃雞一樣，全都是「貴價」菜；試想一隻新鮮雞只有兩隻翅膀、兩隻雞腿，被斬下之後，不能再整隻雞上碟，只能用作為配料，怎能不貴呢？時代不同，生活方式會有改變，有些事也不會太講究，明白就夠了。急凍的材料會帶一些冰雪味，但如果處理得好，也是可口的。我的做法是：將雞翼先醃，減除冰雪味及略增鹹味；用蒸的方法，雞翼可熟透而肉不會爛，雞髀則會略爽口；但切記蒸汁一定要棄去。用冰水浸片刻，可除去膠汁和雞皮的油質。

酒滷調製時，可以試味；為適合大眾口味，酒味可以略淡，但又不能全無酒味，唯一「出術」的方法是——在上碟時，將酒滷取出一至二湯匙，再加入少許特級花雕酒（約一茶匙，喜酒味的話可多放一點），混合後淋上面。這樣酒香撲鼻，但又不影響雞肉的味道，不妨一試。

附記：傳統上海菜中，有一款是用新鮮雞翅膀為材料的佳餚，叫「貴妃雞」，一碟菜要用上五、六隻新鮮雞的翅膀，售價甚貴。可紅燒，也可醉。現有冰鮮材料，經濟方便，有興趣不妨一試。其實學烹調，食譜只是教方法，如想做得好，要加上自己的心思和自行領會。

酒香大轉彎

Wine-scented Chicken Wings

材料：

全隻雞翼 6-8 隻，紹興酒 ½ 杯，薑片、葱段各少許。

調味：

鹽適量，魚露約 2 茶匙。

做法：

① 把雞翼汆水取出沖淨，待用。

② 用適量清水加入薑片和葱段，煮至滾起，放入雞翼及鹽少許，煮至雞翼熟透。

③ 將雞翼取出，用約二杯煮雞翼的水份放入調味，待凍加入紹酒拌勻。

④ 將雞翼放入上項酒滷中浸至過夜，到有酒味即可取出品嚐。

Ingredients

6-8 Chicken Wings
½ cup Shaoxing Wine
Some Ginger Slices
Some Spring Onion Sections

Seasoning

Salt, to taste
2 tsp Fish Sauce

Cooking Method

① Blanch chicken wings in boiling water. Rinse and set aside.

② Put adequate water in a pot, add ginger slices and spring onion sections, bring to a boil. Add chicken wings and a little salt, cook until chicken wings are cooked through.

③ Remove the chicken wings. Put about 2 cup of cooking water in a small saucepan, add seasoning, stir in wine while cool.

④ Place chicken wings in the marinade overnight or until absorb the scent of wine, remove and serve.

Tips

此為冷菜，不需再煮熱，須放進雪櫃。酒味可隨自己口味增加或略減少。

This is a cold dish, so need not to reheat. It should be chilled before serving. The amount of wine can be adjusted to taste.

酒香大轉彎 Wine-scented Chicken Wings

巧手心思話餛飩

菜肉餛飩（雲吞）是我家中常年都有的食物，因為做好後可放在冰格中，可儲存多天。需要時隨手取來便可煮吃，可用清水煮，調配成酸辣味；可用清雞湯煮，加些菜，又變成另一味道；甚至煮熟後撈出，瀝乾水份，略煎，或潰上自己喜愛的糖醋汁或咖喱汁，又變成另一款式，真是變化多端，十分方便。很多好朋友嚐過我烹調的菜肉餛飩，都說別有風味，和他們做的絕不相同。我曾問有甚麼不同？這是江南一帶家家戶戶都能做的家庭食品，雖然各家有各家的味道，但總不至於難吃或令到人怕吃吧？朋友們說，他們包的餛飩，總覺餡不夠味，或盛上碗時，餛飩皮總是爛爛的，有時甚至會皮餡分開，不能整個整個的上碗……。其實，只需要細心的留心以下數點，我相信大家都可以做得很出色。

首先，做餡的豬肉一定要切成小粒後再剁碎；在切豬肉時，切記把一些附在肉上的筋或太肥的肉切去，這樣剁碎的肉才會令人吃時感覺到它的精細和更有口感。①

其次，調味一定要先放在肉中攪拌均勻。如肉太瘦，麻油、生粉便略多些，再加一點水，使肉不至於太乾；也可以加入蛋汁一個拌勻。

另外，做餡的菜可以用西洋菜、小棠菜或白菜，但一定要先用滾水焯煮至軟身，取出沖凍水後，擠乾水份再剁碎——菜經過剁會再有水流出，一定要再次擠乾（用兩手握住，分數次擠乾）。擠乾的菜，放入碎肉中攪拌均勻就可以成為最簡單的餡料了。當然，還可以加入少許浸軟和剁碎的蝦米。餡如果做得好，是可以用筷子夾起，不會稀疏鬆散的。考驗一下自己吧！

煮餛飩需要大鍋煮滾的水，如果家中有四個人吃，每碗放六至八隻餛飩，應該先準備四個碗（每個可以容納八隻餛飩的碗）。我家最簡單的吃法是用清水，所以除大鍋用來煮餛飩的清水外，另備一鍋清水或上湯來伴吃也行，同樣煮滾備用。在每個碗

① 如果用攪碎的「免治肉」也可以，不過口感略差。

中放入蔥粒或芫荽碎，或冬菜碎，再放少許麻油或調味料。準備妥當，將二十四隻或三十二隻餛飩一齊放入大鍋滾水中，中途即第一次滾起時，可加入一杯冷水，煮至餛飩浮起時便撈出，分放各碗中（不要水），再將另一鍋的滾水或適量清湯注入碗中即可食用。這樣煮出的餛飩，皮是硬爽的，餡是鮮味的。如有人想要添加，就再煮，絕不能一鍋煮熟後再分或再等。

江南人吃餛飩，和北方人吃餃子一樣，都是現煲現煮才真味，即是說「現食即做」。此外，如嫌麻煩，可做韭菜肉餡，只需把韭菜洗淨切成小粒，拌入碎肉中即成，但記着放入韭菜要立即包好，否則韭菜遇鹹味會出水。如果要放入冰格急凍，最好是用一個膠盒，先鋪一層保鮮紙，將

小知識

先母喜歡在鮮肉餛飩中加入河蝦，雖然精緻美味，但工夫多且不宜「雪凍過久」，如即食可試。即是將蝦除殼洗淨，吸乾水份，在包每隻餛飩時加入蝦仁一隻，可放菜肉餡裏。在湯中又會加入蛋皮絲或少許白米蝦乾，上碗時顏色漂亮，這就是上海女人的心思，易學難精。

餛飩整齊排放一層，再在餛飩上面輕放一層保鮮紙，然後再放另一層餛飩，如此一層一層放滿後，即可放入冰格，冰至硬身。在食用時只須拉出保鮮紙，即可輕易取出，不需要解凍；將冰硬的餛飩放入滾水中，煮至滾起，注入凍水，反覆約兩次，再用小火煮三、五分鐘即煮熟可以吃了。

餛飩的材料經濟，做法簡單，如果明白這些小竅門，每個人都能做得很好，而且可以預先做好，是解決繁忙人士生活節奏急速的有益食譜。最特別是在假日時，做成餡後，可全家大小一起動手包餛飩，再加上你的創意，與家人同享難得的溫馨。這樣一來，簡單的餛飩，就變成不簡單了。我有時會在碎肉中加入少許剁碎的甜梅菜，吃時又是另一種味道。

糖醋煎餛飩

Fried Wonton with Sweet and Sour Sauce

材料：

煮熟餛飩 8-10 隻，葱粒少許。

調味：

鎮江醋 1 ½ 湯匙，糖 ¾ 茶匙，水約 1 湯匙。

做法：

① 將菜肉餛飩煮熟，撈出，放在筲箕略吹乾。

② 放少許油在易淨鑊中，將上項餛飩排放入鑊中，用小火煎至外呈金黃色。

③ 灑入葱粒至有香味，離火；將調味混合，淋上餛飩面即成。

Ingredients

8-10 Cooked Shanghai Wontons

Pinch of Chopped Spring Onion

For Sauce

1 ½ tbsp Zhenjiang Vinegar

¾ Sugar

1 tbsp Water

Cooking Method

① Boil Shanghai wonton until cooked through. Remove to a strainer to dry up.

② Heat a little oil in a non-stick pan, arrange the cooked wontons in pan. Pan fry the wontons over low heat until golden brown.

③ Sprinkle chopped spring onion on top. When the onion become fragrant, off heat. Combine the sauce, pour on the wontons and serve.

Tips

煎餛飩多數是把剩下的餛飩先煮熟，瀝去水份，放涼再煎。

加入葱粒、糖醋汁，變成精緻點心食用。

We cook wontons prior and pan fry while cool.

Serve with chopped spring onion and sweet and sour sauce made fry wonton be a more delicate snack.

糖醋煎餛飩 Fried Wonton with Sweet and Sour Sauce

我敬重的黃清標師傅

黃清標師傅是我在新加坡工作時認識的朋友，那是我被新加坡電視台（SBC）聘請做《美味佳餚》烹飪節目主持時的事。電視台安排我入住的酒店是由黃師傅掌廚。那只是一間三星級的酒店，黃師傅當時剛從台灣被聘請至新加坡，而我也是剛從香港到新加坡工作，大家都不出名、不被人重視。我們在閒談時也有些感慨，但大家互勉說，總有一天我們會出頭的。我也常對他說，努力加努力，但願能如願吧！因為酒店不是很大，我在晚上完成錄影工作回來時，酒店當時已沒有甚麼人；我在十時許才吃晚飯，黃師傅總會給我做一些特別的食物作慰勞。

大家會在咖啡室閒聊，從黃師傅口中得知，他十五歲開始在台灣酒店做學徒，每晚放工將近十二點，走路回家，約要走一小時。每晚必經之路有一個麵檔，有位十多歲的少女賣麵，自煮自送兼收錢，十分能幹和利落。黃師傅自己沒錢也不敢坐下吃麵。三年多都是如此這般，而他幸運地由學徒升上「二手」了。因為年紀和家鄉習俗的關係，父母認為他該成家立室了，雖然他反對，但父母希望娶媳婦令家中可多一人幫忙；在父母之命下，他看了女方的相片，發現原來說親的女孩就是他每晚必見的那位賣麵姑娘——當然這位姑娘就是我後來認識的黃太了。我對黃師傅說，真是太浪漫了，黃師傅卻認為是緣份使然。

我認識黃師傅將近三十年了，他早已是新加坡著名的廚師，曾在多間五星級酒店任主廚，金沙賭場開幕也邀請他擔任主廚。他雖然沒有受過正式的學校教育，但憑着自修，好學不倦，還出版自傳及入廚書等，回響都很不錯。他的孩子都是新加坡公民，受到良好的教育，各有專才，父親的努力改變了下一代的生命。

小知識

黃清標師傅

聞名於新加坡的黃清標師傅，有新加坡廚界教父之譽。來自台灣宜蘭的黃師傅，除了是新加坡著名食肆主廚外，還曾在新加坡當地主持電視節目，更曾被邀請口述錄製新加坡飲食歷史。他不僅擅長廣東菜，亦精通四川菜及湖南菜，至今已累積 53 年豐厚的廚藝經驗。

我很尊敬黃師傅，也常向他「取經」，無論如何，他是「穿紅褲子科班出身」。我常對他說，在他面前我只是「煮飯仔」的小兒科。他常笑說：「如果煮飯仔能煮到你這樣，就算煮一輩子也無所謂了。」我對黃師傅說：「我們都是爭氣的人，雖然我們的付出不為人知，但自己心中有數，現在你在新加坡有名氣，有實力，得到你想要的一切。而我在新加坡同樣受歡迎及被尊重。每個人都喜歡被重視、被尊重，但這兩樣東西都不能要求他人賜給你，而是要靠自己的努力去獲取。」

好像我最初被安排入住小的酒店，但當你成名後，那些著名的大酒店都會邀請你去住，並以你為榮。我又是那句話：不怕窮，最怕沒見過。對於我，酒店只是晚上回去睡覺的地方，乾淨就可以了。為了工作需要，我根本不在乎酒店如何，最重要的是方便，左右附近有東西可醫肚（即晚飯）。雖然新加坡大多數有名的酒店我都住過，最後還是選了烏節路的那間，一住十多年。如今度假也會去那間酒店住；有一次和兒子到新加坡度假，同住那間酒店，酒店裏一些相熟的夥計見到我都十分高興，熱烈歡迎。兒子取笑我說：「媽，我還以為此酒店是你開的呢！」

每個人在心中都會有自己的願望，如果想實現，就得努力用功去搏取，不要等別人來施捨，更不用怨恨。每一個有成就的人，大概都曾經過捱更抵夜和背人垂淚的日子，這是必經之路。我曾向黃師傅學過一款名菜叫做「烤素方」，材料簡單，但配合薄餅共享，很有北京填鴨的風味，是有些手藝的菜式。天下無難事，就怕有心人。如果你有興趣，應該可以學會，我的食譜寫得詳細，一步跟一步應該可以做到。

祝你成功！

腿蓉素方

Crispy Tofu Skin Squares

材料：

腐皮 2 大張，金華火腿蓉 1 湯匙，芫荽 1 棵（切碎），麵粉約 3 湯匙。

沾醬：

甜麵醬（配合濃食）

做法：

① 將每張腐皮修剪成長方形，三件共分兩組，待用。

② 麵粉加入適量水，調勻成稀漿狀。

③ 鋪平一張腐皮，掃上一層薄麵漿，灑上火腿蓉、芫荽碎各少許，蓋上另一張腐皮，再在第二張腐皮面，掃上麵漿，灑上火腿蓉、芫荽碎，再蓋上第三張腐皮壓平。（可放入雪櫃儲存。）

④ 燒熱半鑊油，將一份腐皮放入輕炒用罩籬撈起，輕按平，再炸至脆，撈起趁熱切件，即可裝碟。

Ingredients

2 Tofu Skin

1 tbsp Minced Jinhua Ham

1 stalk Coriander, fine chopped

3 tbsp Flour

Dipping Sauce

Sweeten Bean Sauce

Cooking Method

① Cut each of the tofu skin into 3 rectangle pieces.

② Dissolve flour in adequate water to form a thin batter.

③ Lay one tofu skin on table, wipe with a layer of batter. Sprinkle ham and coriander on top, cover with another sheet of tofu skin. Wipe the second tofu skin with a layer of batter, repeat sprinkle ham and coriander and cover with one other sheet of tofu skin. Press to flat.

④ Heat oil in a wok, put in one set of tofu skin to deep fry. Press the tofu skin with a strainer lightly while frying. Deep fry twice to make the tofu skin crispy. Remove and cut into small squares when hot.

Tips

可配合薄白麵包、或薄脆等共食，並可蘸甜麵醬。

Serve with thin bread slice or crackers, and dip in sweet bean paste.

腿蓉素方 Crispy Tofu Skin Squares

南京的風雞

在香港無法嚐到正宗傳統做法的風雞，市面上能吃到的「風雞」已是換了新潮做法，只可說是考究的鹹雞罷了。沒試過正宗的風雞不會抗議，以為味道不錯就照吃無誤了。正宗風雞是冷盤菜式，上枱裝盤時，雞肉是用手撕成長條狀的，不帶骨，更不會斬件。肉色是白中帶有少許紅色，這是因為醃料中有少許硝①之故。為甚麼說，在香港無法嚐到正宗的風雞？主要是氣候的關係：既成為風雞，當然和風有關了。南京是最適合製作風雞的，因為南京的冬天比上海冷，且是乾冷（濕度低、氣溫低）。當我說明怎樣製作風雞後，你就會明白了。

我十歲左右曾在南京住過一段日子，那時家裏人多，家中有大院子，並分前後

① 硝，就是硝酸鉀。一種礦物，可以入藥。腌肉加硝，肉色會變紅。在過程中，由於反硝化細菌的作用，會產生微量亞硝胺等有害的物質。那是一種強烈的致癌物質，故要盡量放棄這個醃製方法。

院。後院靠近廚房，過年前一個月就是做風雞的時候了。午飯後，負責廚房的大師傅就負責宰雞，一定要選用被閹後的公雞，那種雞肉嫩且滑，並且碩大，約有九斤重，被稱為「九斤王」的呢！大師傅有兩個徒弟，被稱為「二把刀」、「三把刀」，他們負責將花椒、八角等用大鑊炒至滾熱；如做十隻風雞，至少要用到二十斤左右的粗鹽。

當大廚把雞宰殺後，很快就把內臟從雞肚中掏出，那時雞還在撲翅膀及跳動，二廚就很快的接手，把滾燙的花椒鹽灌入雞肚中，然後就會把雞頭塞入一邊翅膀內，用麻繩把雞由頭紮至尾，紮得十分結實。逐隻做好了，就掛在廚房門外當風的屋樑上，讓寒風吹，經大雪凍，至年廿八、年廿九時，取下已硬得像「木乃伊」般的雞，跟着是拔毛，洗淨後放在大鍋中加水煮熟，然後取出，灑上少許花雕酒，再隔水略蒸至酒香被雞肉吸收，等涼後即可撕肉上碟，是絕佳的冷盤下酒小菜。

雖然當年一些大戶人家，在年尾時節各有家廚製作風雞，但也各有獨特風味，例如某家的風雞花椒八角味獨香，另一家棄花雕酒改用竹葉青酒；此外，下鹽的手藝也考究，不能太鹹，又不能不鹹，都是茶餘飯後的閒談資料。我們兄弟姊妹多人，對誰家的風雞做得好或製作獨特的興趣不大，最起勁的是看家中大廚師的操刀技術及使喚二個徒弟的威風神態，還有是看那兩個學師徒弟對着師父那種敬畏的神態及被師父喝罵的窘態。那兩個「二把刀」、「三把刀」平時對着我們這班小主人，也挺神氣的，此時我們就有些「幸災樂禍」的心態了。至於那些一時不曾氣絕、還會跳動的雞，我們也絕無害怕心理，吃的時候還感覺味道真不錯。但現在回憶起來覺得實在十分殘忍，甚至不想吃了。

當我講給兒女們聽時，他們都感到十分殘忍，並說絕無興趣觀看。我不知道是否新的教育令到他們熱愛動物及有愛心，絕不會去食用有靈性的動物。至於飛禽類，雖然會食用，總不同意用太殘忍的方法。雖然我說明那雞已是先殺死了，但他們仍然說不敢觀看。我想，可能在我的童年，孩子節目不如現在孩子們的多姿多采，所以家中一些慶典的小動作，就會當作一個節目般去觀賞了；由另一角度看，能從中吸收生活中的點滴知識，未嘗不是好事。我總覺得現代的孩子少了這些生活中的餘興，能說不是他們的損失嗎？該是「得些，又失去些」的人生道理吧。

香港的天氣，決不能做到風雞。每當年尾時，總懷念兒時與父母兄弟姊妹等家中一大群人熱鬧的情景，更想念那些一年一次的特別美食。我在本書中介紹這特別小菜，試用了簡化的方法，也略有風雞的風味，有興趣不妨一試。為一個食譜寫一篇故事，本來頗費時間，但我實在想與你們分享童年時一些生活中的見聞，因為以後會説這些事的人愈來愈少了。願你們會欣賞。

新潮風雞

Steamed Salty Chicken

材料：

大雞 1 隻，粗鹽 2 湯匙，花椒粒 ½ 湯匙，八角 2 粒，薑片少許，葱 2 條切大段。

調味：

酒 2 湯匙，胡椒粉適量。

做法：

① 把雞劏好，除去內臟並洗淨，瀝乾水份，待用。

② 把粗鹽混合花椒，八角用白鑊炒至滾熱散發香味盛出。

③ 將上項香鹽擦勻雞身，剩餘全釀入雞肚中。將擦勻鹽的雞放在大深盆中，再放入雪櫃醃約兩日。

④ 取出醃透的雞，除去鹽及花椒、八角，用清水洗淨，瀝乾，再放入調味至均勻，將薑片、葱段放雞肚中，隔水蒸至雞熟透，將雞取出放涼，放入雪櫃。隔日取出，即可撕肉上碟。

Ingredients

1 Large Chicken

2 tbsp Coarse Salt

½ tbsp Sichuan Pepper

2 Star Anise

Some Ginger Slices

2 stalk Spring Onion, sectioned

Seasoning

2 tbsp Wine

Pinch of Pepper

Cooking Method

① Wash and clean the chicken thoroughly. Drain.

② Combine coarse salt, Sichuan pepper and star anise, stir-fry without oil until fragrant.

③ Rub the chicken inside and out with spice salt. Fill the chicken with remained spice and salt. Put the chicken in a large bowl and place it in the fridge for 2 days.

④ Take out the marinated chicken, remove the spice and rinse the chicken. Drain. Season with seasoning. Place ginger slices and spring onion sections inside the chicken. Steam over boiling water until cooked through. Put the cooked chicken in fridge when cool. Chill for one day. De-bone the chicken, tearing the skin and flesh into long strips. Then transfer to a serving plate.

Tips

傳統做法喜用大公雞或騸雞，因肉厚且嫩滑。

In the past, cocks or capons are used in this recipe.

新潮風雞 Steamed Salty Chicken

蝦醬雞

材料：

光雞小半隻、蒜蓉 ½ 茶匙、靚蝦醬 1 湯匙。

調味：

紹酒 1 ½ 茶匙，胡椒粉少許。

做法：

① 把雞洗淨斬成吋餘塊狀，瀝去水份。

② 將蒜蓉、蝦醬調味同放入雞塊中，拌勻，略醃片刻。

③ 燒熱略多的油，至六成熱。

④ 將醃勻的雞塊，加入生粉約 1 ½ 湯匙拌勻，放入熱油中炸至面呈金黃色，肉熟即可瀝去油份上碟。

註

蝦醬雞「惹味」，因蝦醬易燶，要注意火候。可用雞翼代替雞，也可用蒸的方法。

Fried Chicken with Shrimp Paste

Ingredients

½ Dressed Chicken

½ tsp Minced Garlic

1 tbsp Shrimp Paste

Seasoning

1 ½ tsp Shaoxing Wine

Pepper, to taste

Cooking Method

① Rinse the chicken and cut it into bite-size chunks. Drain.

② Add minced garlic, shrimp paste and seasoning to the chicken chunks, mix well and set aside to marinate for a while.

③ Heat adequate oil in a wok until moderate heat (about 160℃).

④ Combine the marinated chicken with 1 ½ tbsp cornstarch. Put the chicken chunks in oil gently and deep fry until golden brown and cooked through. Drain the excess oil. Transfer to a plate and serve.

Tips

Because shrimp paste can be burnt easily, you should pay more attention to the heat.

Chicken wings can be the substitution for chicken chunks. If you don't like deep frying, steaming is an alternative method in cooking this dish.

南京的雁來菌

我小時候曾在南京住過一段時間，那是我親生母親去世後的事。親生母親在世時，除了陪伴父親去各地公幹，主要定居地是上海和北京。第二位母親則常居天津，後來因父親工作的關係才搬去南京定居。如今想來，父親確有本事，雖有二位夫人，她們卻各居一地，大家都知對方的存在，卻各有各過自己的日子。親母去世後，父親帶我去見第二位母親，囑我叫她「媽媽」。媽媽只說：「這麼大了。」想必她以前或許見過我，同時也見了其他兄弟姊妹。當時那種感覺是挺怪的，大家都有一種觀察對方的眼神，很不友善。那時的大人不懂也無暇教導孩子友愛，再加上照顧孩子的女傭分黨分派，就更多的不愉快。我的童年生活可說「畸形」（扭曲的）。可幸這種不快樂的生活使我學會平和的重要，更珍惜人與人之間的愛。雖然手足之間總會有不快、不公平的事發生，但一念及大家都是父親的兒女，我愛父親就不應與他們計較了，想到此，心中自然就舒坦了。

那時我在南京住了幾個月就返回上海。在南京居住的日子，最使我難忘的事是父親帶我們幾個較大的孩子去逛中山陵。那是初春時光，孫中山先生的遺體還被放在玻璃棺中讓人瞻仰。我很害怕所以不敢進去觀看，只留在山下等待。在山腳下發現生有很多野菌，父親就命人採摘。

回家後，父親說：這種野菌只有「雁南飛」時才會長出來，故被命名為「雁來菌」，年少時曾吃過，其鮮無比。父親命從宜興請來的廚娘烹調那些菌：先輕手洗淨，用油略炒，放入薑片、醬油、糖燜煮至熟透，汁濃稠即成。但最重要是煮時一定要放一個「袁大頭」銀元同煮——如有毒，銀元會變黑。雁來菌最奇怪是煮後的汁很濃稠，好像勾了少許芡般，其實沒有。

小知識

雁來菌

學名：松乳菇 (Lactarius deliciosus)，屬紅菇科、乳菇屬，又名美味松菌、松乳菇，是一種深受歡迎的美味食用菌。菌體會變顏色，呈蝦仁色、胡蘿蔔黃色或深橙色，子實體中等至大型，菌蓋扁半球形。有特別的濃香，口感如鮑魚，極潤滑爽口。採集期為 8 月上旬到 10 月中旬。

雁來菌煮成後，可用大口玻璃瓶盛載，自吃、送人皆可。因為我家會烹調，所以也有送給親友們分享。知道父親喜愛這種野菌，中山陵附近的村民都採摘送給我們，每次送來，家中管家必遵父母的交代而重重打賞給這些村民，可說是皆大歡喜的事。我很喜歡雁來菌，所以每餐都吃。有一天，忽然發現臉上、身上都長了紅疹，其癢難忍，醫生說是野菌令我敏感，嚇得不敢再多吃了。正應了「少食多滋味，多食壞肚皮」這句話。我很懷念雁來菌，但香港沒有。香港有新鮮冬菇出售，這倒是我年幼時在內地沒有的。我用煮雁來菌的方法煮冬菇，加入少許蝦子，味道也不錯。如有興趣不妨一試。

逝去的時光不再，野菌失去的味道也難尋，不知如今的中山陵是否還有此菌呢？

仿雁來菌

Stewed Mushroom

材料：

靚花菇 3 両，葱 6-8 條，薑 3-4 片，腩肉 1 小塊（約 3 両）。

調味：

老抽 1 1/3 湯匙，生抽 ½ 湯匙，冰糖碎約 ½ 湯匙，浸冬菇水約 1 ½ 杯。

做法：

① 用清水把花菇沖淨，再用清水浸軟（需過夜）去蒂，水可留用。

② 將葱切段，用少許油將葱段略炸香，撈出葱段，放入洗淨的腩肉，略炸至有油出。

③ 將浸透的花菇放入略炒，注入調味煲滾後改用中小火燜至冬菇腍即可夾出上碟，並淋上少許汁即成。

Ingredients

113g Top-grade Shitake Mushroom
6-8 stalks Spring Onion
3-4 slices Ginger
110g Pork Belly

Seasoning

1 1/3 tbsp Dark Soy Sauce
½ tbsp Light Soy Sauce
½ tbsp Crushed Rock Sugar
1 ½ cup Mushroom Soaking Water

Cooking Method

① Rinse Shitake mushrooms and soak for overnight. Remove stems and keep the soaking water.

② Cut the spring onion into sections. Deep fry the onion sections lightly, remove. Then deep fry the pork belly until fat seeps out.

③ Stir-fry the soaked mushroom briefly. Pour in seasoning, lower the heat, simmer until the mushrooms soften. Transfer the mushrooms to serving plate and pour some sauce on top.

Tips

雁來菌產自南京中山陵山腳下，為野生菌，味特別濃郁。現用靚花菇及少許腩肉和葱燜煮，味道不錯。如汁略多，可放入雪櫃存放數日，配麵或飯同樣好味（腩肉等不用上碟）。

Red pine mushroom is found in the foot of a hill at Nanjing, where Dr. Sun Yat-sen's Mausoleum was established. It is a type of edible wild mushroom. We use top-grade Shitake mushroom as the substitution, stewing with pork belly and spring onion. The dish is delicious and fragrant. The stewed sauce can be kept for several days in fridge. It is good to serve with rice or noodle.

仿雁來菌 Stewed Mushroom

太后的合桃酪

我們常吃的合桃（核桃），是果核，而合桃的果其實是不能吃的，我們只吃它的核。小時候在南京住過一段時候，是父親軍部的後園。據說那是洪秀全曾佔據過的地方，園子很大，有多種不同的果樹，例如柿樹、桃樹、杏樹等，那園子是我們兄弟姊妹喜愛玩耍的地方。那裏就有三棵很大的合桃樹，結的果子是青色的，有些像番石榴，但外層帶苦澀味，是無法吃的。當這些果實長大成熟後，家中的男工就會把它們摘下，全部放入一個大水缸中，用水浸之直到外層腐爛，再用大棍不停攪動，到時就會看到整個果核，把果核撈出洗淨，再經日光曬至乾透，就是我們在南貨店見到的合桃了。不過，曬的時間很長，更有特別技巧，否則，怎能久藏呢？聞說浸去外層而尚有水份的合桃另有滋養成份。

家人會剝出新鮮合桃仁，放入攪拌機中並加入少許鮮奶，就變成似鮮奶般的汁液，給父親享用，說可補腦補身。我很好奇，父親總是哈哈大笑地說，好吃的東西都補身，還給我試味。其實，這也沒有甚麼特別，只是不加糖的天然食品。那個年代沒有現在如此多的補品，有益的天然食品就被稱為「補品」了。如今要找這種新鮮合桃也難了，甚至連合桃樹也少見。我的孩子們每聽到我說起這些陳年舊事，都很起勁，其實只不過是時勢不同而已。我童年時有很多做野孩子、淘氣的機會，除了三餐之外，都是靠自己長大的，因為父母們實在太忙於他們自己的事。至於我的兒女們，雖然沒有我兒時生活的多姿多采，但他們是在細心呵護之下成長的。

我所介紹的合桃酪是很著名的甜品，據說是慈禧太后的食譜之一，有養顏功效。慈禧是滿洲人，在關外長大，而游牧民族喜愛羊肉，更慣飲羊奶，所以正宗的合桃酪是用羊奶的。記得我大約在六、七歲時，跟親生母親及父親住在北京，第一次吃合桃酪，是加入羊奶做的，我感覺羶味很重，無法入口，親母還說我挑食（即「揀飲擇食」之意）。可是，當她自己嚐過後，也感覺無法接受呢。我第一次嚐家中自製的合桃酪，是二姊在家做的，雖然有女傭幫忙，也挺「大件事」的，我們這些年齡較大的女孩都在旁觀看。

在此介紹一下我的二姊，她是我同父異母的姊姊，是我第二位母親所生，精明能幹，十六、七歲已管理整個家庭。因為第二位母親在南京、上海、天津常換住處，再加上懷孕、生孩子，不會再去管理家務，更何況是一個人口眾多的大家庭。我跟在二姊身邊長大的日子頗長，她對我不會有太多的感情，但也沒有欺侮我——因為我們沒有相爭的東西，更何況我在她之下——我覺得她是公道的。她會投資、做生意，所以她很富有。我早婚而且家中環境不好，婚後過的可說是苦日子，大家也就各自過活，少有來往。不過，我在心中一直尊敬她。她照顧父親的晚年生活，也孝順父親。她雖然有錢，但晚年並不愉快。那時，我在新加坡工作，常去看望她，對於很多事也感無奈。二姊已去世多年，有時想起和她一起生活的那些日子，也很感慨。人生就是這樣，得失都有一些，當你感覺失去時，上天又會在另一方面補回一些。到底是得還是失，真是旁人無法批判，甚至自己也難以判斷。

合桃酪的做法，以前是用小石磨，即將合桃仁加入紅棗水，用石磨研碎。如今新時代新器皿，方便許多，可改用攪拌機（有磨碎功效的那種）。材料、做法已在食譜中介紹，願大家都能掌握做法，更望大家青春長駐！

紅棗合桃酪

Creamy Red Date and Walnut Lao

材料：

去衣核桃肉 ½ 斤，紅棗 ½ 斤，鮮奶適量。

調味：

糖適量（也可不加糖）

做法：

① 洗淨核桃肉，瀝乾，用白鑊略炒，待用。

② 洗淨紅棗，放煲中加入約 4 杯清水，煮至腍，取出，剝皮去核，棗肉留用；紅棗水也留用。

③ 將炒香的核桃肉放入果汁機中，並注入適量紅棗水打碎，倒入魚袋中，隔去渣，汁液留用。（即是核桃漿。）

④ 將紅棗肉放入果汁機中，加入紅棗水打勻，與核桃漿混合，放入煲中待用。

⑤ 將適量糖及鮮奶加入上項材料混合均勻，用小火煲至滾起，即成。

Ingredients

300g Walnut Meat, coated

300g Red dates

Fresh Milk

Seasoning

Sugar, to taste (optional)

Cooking Method

① Rinse walnut meat and drain. Stir-fry the walnuts in wok without oil.

② Rinse red dates, and boil with 4 cups of water in a pot until soft. Remove, peel and stone. Keep the flesh and water.

③ Blend the walnut and part of the red date soup in a blender. Filter the mixture with a gauze bag.

④ Blend the red date flesh with remained red date soup in a blender. Combine the walnut paste and red date paste in a pot.

⑤ Add sugar (optional) and fresh milk, stir well. Cook over low heat until bring to a boil.

Tips

北京話說的「酪」不是「糊」，而是比「露」較濃的，且不加入生粉或粟粉，是材料自然的濃度，真材實料。

"Lao" in Beijing dialect means a type of sweet soup without starch and the texture is dense and creamy.

紅棗合桃酪 Creamy Red Date and Walnut Lao

表嫂的酒香東坡肉

超過半世紀前、即是在我的青年時代，女性大多數留在家中，很少出外工作。可能是那時候女孩子讀書只到某一程度，甚或無機會讀書。幸運的一群於出嫁後不憂柴米，可做少奶奶享福，一輩子生兒育女，靠丈夫過日子。另外有些婦女因為丈夫賺錢不多，生活必須精打細算，還希望有些「私房錢」，這就要花些心思了。持家以食為主，所以不單是亭子間嫂嫂的小菜（見前文），更要多花樣，食物價廉而入口卻感覺精緻美味。

年幼時也見過親戚之中，有一些能幹的女人，其中有一位年輕女士，母親叫我們稱呼她為「表嫂」，其實也不知是甚麼親屬關係，正所謂「一表三千里」。還記得這位表嫂當年大概不到三十歲，卻做得一手好菜，連我家的廚師都甘拜下風，她卻謙虛的說自己只是多用耐心和時間，印象中她做的酒香東坡肉便很是美味。

一般東坡肉都會選用上肉做材料，但這位表嫂卻用了五花腩肉，有肥有瘦；當然選購時，一定要選完整的一片，才可以切成整齊的方塊，做菜餚時整齊的外觀是很重要的。此外，她明白調味的性質和味道，還記得她說過，酒經煮後會保持香味，並不會有辣口的感覺，不過久煮會蒸發掉，可在臨上碟時，再添加少許，這就是巧妙之處。所以做東坡肉如多用些酒，便會有特色。

父親當年常讚這位表嫂聰慧，但又笑說是「一朵鮮花插在牛糞上」，大概是說我表哥配不上她吧？不過，那時我年紀小，也搞不清楚。記得這位表嫂除了能煮得一手好菜外，更是織毛衣的能手。以前的女性當然不及如今年輕女性幸福，但是在那個年代，她們安分守己，安於現狀，平平靜靜地就過了一生，是福氣還是憾事，無人能說。若干年前，在加拿大和父母閒聊，也曾談到這位表嫂；記得母親說，這位表嫂存有很多「私房錢」，常接濟娘家。以前的女人，長情、愛護家人，有她們可敬的地方。父親稱讚表嫂對烹飪的大膽創新，且有飲食的品味。我們父女倆在加拿大也試過做東坡肉，當然會有少許改良，效果不錯。

做酒香東坡肉可加入肋排同時燜煮，但也要帶少許肥肉的肋排才好，且要斬成大件，做這菜需要有耐性。雖然是略肥的肉，當聞到香味後已不會介意了，配白飯最佳。現代人怕吃肉，其實，煮得好的肉，偶爾吃一小塊，不但飽口福，也可說是一種享受，我想，也不會因此而增磅吧。人生的事，總以不太過份為最好，你們認為如何？

南乳汁炒百頁

Stir-fried Tofu Slices in Fermented Red Beancurd Sauce

材料：

厚百頁 5 張、瘦肉約 3 両，中芹段少許。

調味汁料：

南乳汁 2 湯匙、糖 ½ 茶匙、水 ½ 杯。

瘦肉醃料：

生抽 2 茶匙、生粉、水各少許。

做法：

① 把百頁切粗絲，放入約 ½ 茶匙蘇打粉，用滾水泡軟，然後洗淨，瀝乾水份，待用。

② 把瘦肉切絲，放入醃料拌勻，待用。

③ 燒熱油約 2 湯匙，先將肉食炒熟取出待用。

④ 用上項餘油（可略加油少許），放入百頁絲炒透，放入調味肉絲及芹菜段，同炒勻即成。

Ingredients

5 Thick Tofu Slices (a.k.a. Hundred Sheet, Pak Yip)

113 g Lean Pork

Some Chinese Celery Sections

Seasoning

2 tbsp Fermented Red Beancurd Sauce

½ tsp Sugar　　½ cup Water

Marinade for Pork

2 tsp Light Soy Sauce　　Corn Starch　　Water

Cooking Method

① Cut the tofu slices into thick shreds. Add ½ tsp baking soda to boiling water, soak the tofu shreds until tender. Rinse and drain.

② Shred the pork, add marinade and stir well.

③ Heat a wok with 2 tbsp oil, stir-fry the pork shreds until cooked. Remove and set aside.

④ Heat remained oil in the wok, add some oil if needed. Stir-fry the tofu shreds thoroughly, add seasoning, pork shreds and celery sections, stir well. Transfer to a plate and serve.

Tips

此不是一款易煮的菜，用百頁須先泡至略軟，才能入味、好吃。南乳汁的加入是為了提味，但不能太鹹，考一下自己的手藝。

This is not an easily cooking dish. For absorbing more flavour, the thick tofu slices should be soaked in advance. Adding fermented red beancurd sauce is to enhance the savory. Don't make it too salty.

南乳汁炒百頁 Stir-fried Tofu Slices in Fermented Red Beancurd Sauce

説湯

香港人注重煲湯，認為吃喝湯水可以養生，在電視劇中常看到丈夫、兒子晚上歸家，做主婦的一定會説已留了湯，叫他們飲湯，當中包含了主婦對丈夫兒子的關愛。説句笑話，劇情彷彿很少講主婦留湯給女兒，想來是重男輕女吧！

記得我們初來香港時，順德女傭也會留湯給晚歸的兄弟們，常被父親阻止，説是「窮相」，真是各處鄉村各處例。其實香港人尤其是廣東人慣煲的湯和江南一帶的湯是有分別的，廣東人慣煲老火湯——需長時間熬煮的那種，動輒用三、四小時，我常想是否用了太長的時間？

以前家庭多燒柴或用炭爐，所需時間長，但如今大部份家庭都用煤氣或電力，保持火力較強，如果還要三、四小時真是太多了。廣東人也習慣在湯中加入藥材，如杞子、淮山、花旗參等都是慣用的普通材料，有些人更會用到特別的藥材，我認為這方面還是要謹慎些好。現今社會富裕，已少見營養不良的人，盡量運用食材、發運其固有的營養，更安全有益。

居住在上海時，家中常煲羅宋湯，且是加入牛腱或牛肉同煮的，味道濃郁可口，尤其是加入了番茄膏，很受我們這些孩子歡迎。所以羅宋湯是有孩子的家庭常喝的湯水。可能上海是華洋雜處的社會，東西文化混合，各家都有自己風味的羅宋湯，也是主婦表現自己手藝的機會。此外，用大豆芽、豬骨、番茄，加入豆腐同煲約一小時，也是一種營養豐富而美味的家庭湯。我家常煲的素湯也受到家人欣賞。在炎熱的夏天，我常會為家人做榨菜肉片湯或者雪裏紅湯，更會用葱花、豉油、麻油注入湯中，這是廣東人士所無法想像的，或者會說無益吧；其實味道都很好，我也是這樣吃大的，不用擔心呢。用砂鍋煮湯也是很普遍的，例如什錦砂鍋、砂鍋餛飩（雲吞）雞等，只是湯不太多，也可說是湯菜。

至於「羹」，是把材料混合煮好後，用生粉水或蛋液使湯水略為濃稠。羹的材料比較多樣化，例如上海酸辣湯、粟米魚肚羹，比較名貴的有黃魚羹或魚唇羹等，都是現煮現食的，且不會用大鍋煮，以一湯鍋為準。今次向大家介紹的豆腐羹，易烹煮，可以變化多端，且可以豐儉由人，例如加入碎肉而成為肉蓉豆腐羹；加入菜蓉冬菇成為素羹等。

我不敢說烹飪是藝術，但如果你有創意，對食材有充份的認識，和明白配搭的重要，並且對食物的味道有品鑑的能力，都可以做出令人欣喜的可口菜式。每一次做菜都是一種嘗試，更是領會和學習飲食之道。我喜歡晚飯時有湯或羹，如胃口不佳時就以湯羹為主食，以此慰勞自己一天的辛勤付出，無論怎樣辛苦，只要有湯或羹就感到滿足愉快了。你是否覺得我的要求太低了？

中山东一路
出租车
上下客点

芙蓉豆腐羹
Tofu Soup

材料：

豆腐 1 大件，剁碎豬肉約 2 両，雞蛋 2 隻，芫荽 2 棵。

調味：

鹽、生抽各適量。

做法：

① 把豆腐切成小粒，在碎肉中放入生粉、生抽各少許，拌勻。

② 煮滾適量清水或上湯，放入豆腐粒，煮至豆腐熱及湯再度滾起。

③ 將調味後的碎肉加入冷水約 2 湯匙，拌勻，逐少加入上項湯中拌勻。

④ 用約 2 湯匙粟粉加入 1/3 杯水中調勻，逐少加入上項湯中使成羹狀，放入調味熄火。

⑤ 把雞蛋打散加入上項羹中拌勻，成蛋花狀。

⑥ 把芫荽洗淨後切碎，加入拌勻，即成。

Ingredients

1 Tofu, large

75 g Minced Pork

2 Eggs

2 stalks Coriander

Seasoning

Salt, Light Soy Sauce, to taste

Cooking Method

① Cut tofu into small cubes. Combine minced pork with a little cornstarch and light soy sauce to marinate for a while.

② Boil some water or stock in a pot, add tofu cubes to cook until another boil.

③ Add 2 tbsp cold water to the marinated pork, stir well. Stir the pork bit by bit into the soup.

④ Dissolve 2 tbsp corn starch in 1/3 cup of water. Pour the solution slowly to the soup. Stir well and until the soup thickens. Add seasoning and turn off the heat.

⑤ Beat the egg lightly. Stir gently while pouring the beaten egg in soup to form egg drop.

⑥ Wash and chop the coriander. Stir in the soup and ready for serve.

Tips

材料經濟，做法易學、且味道不錯，不妨一試，屬於快速湯水。

This is a quick soup recipe. It is low-costed, easy to make and delicious.

芙蓉豆腐羹 Tofu Soup

豐儉隨人的魚

持家（也說「當家」），就是專責管理家庭。以前大戶人家總會有持家的人，多數是大媳婦或長女，也有僱請的管家。她們的責任就是管理家中的飲食起居等各種大小事務，同時也是管錢的人。雖然要負責繁瑣的事，但因為有錢過手，對於有些人是無法推卸的責任。也有人真的喜歡這種工作；其實是不易做的，既要省錢，又要令各人都滿意，豈是簡單的事？當年，有一句俗語說：「當家三年，連狗都討厭你！」

持家最主要是打點一日三餐，要省錢又要符合眾人口味，少些本領都做不成。我小時親眼看到，也經歷過，雖然沒有資格管理這樣的大家庭，但也學到一些皮毛。這在我結婚後處理自己的小家庭也有些用處，例如在購買家中食材時，會選比較需要做些功夫的材料，因為自己的手工和時間不值錢。

香港人比較喜歡活魚，即是海鮮類，時價當然會較貴，其實很多鹹水魚雖是冰過的，但味道和營養價值都不錯。例如池魚，如買到新鮮的（冰魚，不是活魚），用豉汁蒸或煎後淋上糖醋汁都很好吃；我的家傭會用蒜頭及醋來煮，聽說還是馬尼拉的名菜。這樣煮的魚，我們都喜愛，真可說經濟實惠又有營養。

外省人很喜愛吃鰣魚，但鰣魚一離水即死，所以能吃到的其實都是冰凍的。據說鰣魚最肥美時是在產卵之前，整群游至長江上游產卵，完成後游返時已「瘦身」，即被稱為鯗魚，也就是俗稱的「鰽白」，所以有一句話說「來鰣去鯗」。鰣魚清蒸最美味，但骨細且多，食用時宜小心，多骨的魚總是特別美味，就像人們說「漂亮的女人，總是麻煩」一般。你同意嗎？

桂花魚是淡水魚，在香港很普遍，不受重視，可是在上海卻是能上大枱的菜式，除紅燒、清蒸外，上海人也很喜歡甜酸做法，並加入雜果陪襯，很有特色。我在此介紹五彩桂魚的做法，上枱美，也易學，成功率高，期望你願意一試。

五彩桂魚

Mandarin Fish in Sweet and Sour Sauce

材料：

桂花魚 1 條（約重 12 両至 1 斤），青、紅椒及黃椒各 ½ 隻，菠蘿 2 片，乾葱片、蒜片各少許。

調味汁料：

鎮江醋 1 ½湯匙，茄汁 2 湯匙，糖 2 茶匙，生抽少許，水約 ½杯，麻油少許。

做法：

① 把魚劏後去鱗及內臟，洗淨，用廚紙吸乾水份。用少許鹽、胡椒粉略醃後，放入熱油中炸至熟透，撈起，待用。

② 將三色椒與菠蘿同切成小粒。

③ 燒熱油約一湯匙，爆香蒜片、乾葱片，放入三色椒炒勻，再加入菠蘿及調味汁料煮勻。

④ 將上項材料淋上魚面即成。

Ingredients

1 Mandarin Fish, about 450-600g
Half each Red, Green and Yellow Bell Pepper
2 Pineapple Slices
Shallot Slices
Garlic Slices

For Sauce

1 ½ tbsp Zhenjiang Vinegar
2 tbsp Ketchup
2 tsp Sugar
Some Light Soy Sauce
½ cup Water
Drops of Sesame Seed Oil

Cooking Method

① Scrape the scales and gut the fish. Rinse it and pat dry with kitchen towels. Rub the fish inside and out with a little salt and pepper and marinate for a while. Deep fry the fish in hot oil until cooked through. Remove to a plate.

② Cut the peppers and pineapple into small pieces.

③ Heat 1 tbsp oil in a wok, stir-fry garlic and shallot slices until fragrant. Add tri-colour pepper to stir-fry well. Add pineapple and the ingredients of sauce to cook until brings to a boil.

④ Pour the sauce over the fish and serve.

Tips

炸熟整條魚，相信大家都易做到，淋上面的材料帶甜酸味，可先試味，相信大家能做得好。

甜酸的五彩材料也可用在炸排骨的菜餚上。

Deep fry a whole fish is not difficult. The sauce tastes sweet and sour, you may adjust the sourness according to your taste.

This sweet and sour colourful sauce can be used on deep fried pork ribs dish.

五彩桂魚 Mandarin Fish in Sweet and Sour Sauce

www.cosmosbooks.com.hk

書　名　方太的美食回憶
作　者　方任利莎
中文整理　林苑鶯
責任編輯　祁　思
食譜翻譯　祁　思
美術編輯　郭志民
攝　影　郭志民
出　版　天地圖書有限公司
香港皇后大道東109-115號
智群商業中心15字樓（總寫字樓）
電話：2528 3671　傳真：2865 2609
香港灣仔莊士敦道30號地庫／1樓（門市部）
電話：2865 0708　傳真：2861 1541
印　刷　亨泰印刷有限公司
柴灣利眾街27號德景工業大廈10字樓
電話：2896 3687　傳真：2558 1902
發　行　香港聯合書刊物流有限公司
香港新界大埔汀麗路36號中華商務印刷大廈3字樓
電話：2150 2100　傳真：2407 3062
出版日期　2019年6月／初版

ISBN：978-988-8547-96-8